VALE A PENA ESTUDAR ENGENHARIA DE ALIMENTOS

Blucher

Gustavo Molina (organizador)
Danielle C. M. Ferreira
Kele A. C. Vespermann
Franciele M. Pelissari

VALE A PENA ESTUDAR ENGENHARIA DE ALIMENTOS

Vale a pena estudar engenharia de alimentos
© 2022 Gustavo Molina (organizador)
Danielle C. M. Ferreira
Kele A. C. Vespermann
Franciele M. Pelissari
Editora Edgard Blücher Ltda.

Publisher Edgard Blücher

Editor Eduardo Blucher

Coordenação editorial Jonatas Eliakim

Produção editorial Lidiane Pedroso Gonçalves

Preparação de texto Ana Lúcia dos Santos

Diagramação Tarso Boudet Caldas

Revisão de texto Maurício Katayama

Capa Leandro Cunha

Imagem da capa iStockphoto

Blucher

Rua Pedroso Alvarenga, 1245, 4° andar
04531-934 — São Paulo — SP — Brasil
Tel.: 55 11 3078-5366
contato@blucher.com.br
www.blucher.com.br

Segundo Novo Acordo Ortográfico, conforme 6. ed. do *Vocabulário Ortográfico da Língua Portuguesa*, Academia Brasileira de Letras, julho de 2021.

Dados Internacionais de Catalogação da Publicação (CIP)
Angélica Ilacqua CRB-8/7057

Vale a pena estudar engenharia de alimentos / Gustavo Molina, organizador; Danielle Cristine Mota Ferreira, Franciele Maria Pelissari, Kele Aparecida Costa Vespermann — São Paulo: Blucher, 2022.
96 p.: il.

Bibliografia
ISBN 978-65-5506-502-2 (impresso)
ISBN 978-65-5506-498-8 (eletronico)

1. Engenharia de alimentos I. Molina, Gustavo II. Ferreira, Danielle III. Vespermann, Kele IV. Pelissari, Franciele M.

22-1881 CDD 660

Índices para catálogo sistemático:
1. Engenharia de alimentos

CONTEÚDO

CAPÍTULO 1

HISTÓRICO DA INDÚSTRIA DE ALIMENTOS NO BRASIL E NO MUNDO

Não é possível determinar com clareza o momento exato em que os alimentos passaram a ser produzidos industrialmente. Sabe-se, porém, que a relação do homem com a alimentação sofreu diversas modificações ao longo do tempo e que estas certamente determinaram a forma como a indústria de alimentos atua nos dias de hoje.

Os primeiros registros de nossos ancestrais são aqueles encontrados em cavernas, nas pinturas rupestres. Tais pinturas revelam que, naquele tempo, o homem caçava para comer e vivia em constante busca por terras férteis e produtivas, migrando para outros lugares sempre que seus recursos se esgotavam. Contudo, algum tempo depois, esse comportamento não pôde ser mantido, por diversos fatores, como as mudanças climáticas, o aumento exacerbado da população, entre outros, fazendo com que o homem tivesse de encontrar uma forma de adaptar-se a um ambiente e viver ali por toda a vida. Nesse ponto, o ser humano deixou de ser nômade e passou a fixar-se em um único local, sendo obrigado a produzir seu alimento, para garantir sua subsistência e aprender a viver de forma sustentável e dinâmica em seu ecossistema.

O período conhecido como Revolução Neolítica, que ocorreu aproximadamente em 11.500–5.000 a.C., marcou a mudança do sistema de caça e coleta para a prática da agricultura, seguida da domesticação animal. Foi também determinante para um aumento da população das comunidades locais de 30 para, aproximadamente, 300 indivíduos, uma vez que ter mais filhos era mais fácil nesse novo sistema (GUZM'N; WEISDORF, 2011).

Desse modo, a agricultura emergiu como a principal forma de obtenção de alimentos de que se tem conhecimento. O homem começou a desenvolver técnicas de plantio de vegetais e sementes e a domesticação de animais selvagens para o consumo. Seis mil anos depois, a agricultura de subsistência já estava presente na maioria dos continentes ao redor do mundo e era, naquele momento, o suficiente para garantir a alimentação da população e oferecer segurança no que se refere à demanda e à oferta de alimentos. A criação doméstica de animais e o cultivo de vegetais, grãos e outros mostraram-se eficazes por muito tempo.

Contudo, a população começou a crescer exacerbadamente, de modo que os recursos advindos da agricultura como era praticada não conseguiam mais acompanhar tal movimento. Houve, a partir de então, a necessidade de criarem-se técnicas capazes de otimizar a produção alimentícia e garantir o suprimento da alimentação em larga escala.

O desenvolvimento de técnicas como a irrigação e a aração de solos aprimorou consideravelmente a atividade agrícola e, consequentemente, a produção de alimentos. Já a partir do século XVII, a agricultura e a criação de animais para o consumo não eram mais suficientes para alimentar uma população que cresceu de 550 milhões de pessoas, em 1650, para pouco mais de 1,2 bilhão, em 1850 (MONTGOMERY, 2008). A fertilização artificial de áreas para cultivo agrícola, desenvolvida por volta do ano de 1900, foi capaz de impulsionar a produção de alimentos, fazendo-a voltar a crescer (SMIL, 2001).

Um dos principais motivos que levaram ao aumento na industrialização da produção de alimentos foi o fato de que, por volta do início do século XX, a maioria da população estadunidense era composta por fazendeiros e agricultores, que viviam para o cultivo da terra e a criação de animais. Por outro lado, havia a necessidade da urbanização das cidades e da formação de mão de obra para o trabalho em outros setores industriais, visando a acompanhar o crescimento da atividade industrial da época. Desse modo, a única forma de tirar a população do campo e colocá-la trabalhando em fábricas era oferecer-lhe uma forma de consumir alimentos sem precisar cultivá-los (IKERD, 1996). Foi a partir daí que a indústria de alimentos começou a crescer e a oferecer cada vez mais produtos diversos, a fim de conquistar o mercado e satisfazer um grande público-alvo.

Dessa forma, com a união da atividade agrícola à indústria, teve início a era dos alimentos industrializados, cuja dimensão pode ser vista claramente nos dias de hoje. As fazendas — antes focadas na agricultura de subsistência e de pequeno porte — foram transformadas em centros especializados em diversas técnicas de cultivo e criação dos mais variados tipos de vegetais e animais, possibilitando o desenvolvimento e a descoberta de inúmeros produtos alimentares (IKERD, 2008).

Não demorou muito para que as primeiras indústrias de alimentos começassem a surgir. Todo o processo se iniciou quando fazendeiros e agricultores perceberam que a melhor forma de manterem suas fazendas funcionando era atendendo à demanda das cidades por produtos alimentícios. Todavia, um fazendeiro não era capaz de fornecer todos os produtos necessários — vegetais, leite, carnes, entre muitos outros. Dessa forma, os donos de terras e grandes fazendas começaram a dividir as tarefas de produção entre si, separando e determinando o que cada um produziria e venderia, aumentando a qualidade do serviço prestado e sendo capazes de suprir as necessidades cada vez mais altas dos grandes centros urbanos (IKERD, 2008).

Logo no início, um dos principais objetivos da indústria de alimentos era fornecer produtos seguros (por exemplo, livres de patógenos). Bem antes das descobertas de Louis Pasteur de que os microrganismos causavam a deterioração dos alimentos, Nicolas Appert descobriu, em 1803, uma maneira de preservar alimentos por longos períodos: aquecendo-os dentro de potes de vidro selados (ALMEIDA, 2015). Logo em seguida, as primeiras fábricas de conservas para carne, peixe e frutas começaram a operar na América e na Europa, mas a esterilização comercial (que passou a eliminar microrganismos desagradáveis, causadores de doenças) só teve início em meados do século XIX (TOUSSAINT-SAMAT, 1994, pp. 737–739). A primeira fábrica de conserva foi inaugurada em 1812, e, a partir de então, diversas tecnologias foram desenvolvidas até se chegar às embalagens de enlatados conhecidas atualmente. Esse tipo de embalagem teve imensa importância durante a Segunda Guerra Mundial — por exemplo, devido à necessidade dos exércitos de se isolarem em locais remotos, sem poderem procurar alimentos diariamente. Os enlatados foram capazes de alimentar os militares durante a Guerra graças à sua maior durabilidade, se comparados a alimentos frescos (ALMEIDA, 2015).

A diminuição da temperatura pela refrigeração e a imobilização da água por congelamento contribuíram ainda mais para o armazenamento prolongado de alimentos, apesar da ciência subjacente a esses processos ter se consolidado somente após a Segunda Guerra Mundial (HARRIS, 1954). Em 1877, uma carga de carne congelada embarcada da Argentina para a França inaugurou a rota para o comércio internacional de produtos alimentícios perecíveis em todo o mundo. Embora, na Antiguidade, os alimentos fossem preservados pela remoção de água (por exemplo, na secagem ao sol), as operações em larga escala começaram com a introdução do evaporador, na metade do século XIX, e do desidratador de ar forçado, para a secagem de frutas, por volta de 1920 (CHRISTENSEN, 2000).

O papel da estrutura alimentar na transferência de calor e massa durante a desidratação e seu efeito na qualidade do produto obtido tornaram-se conhecidos apenas a partir de 1950 (GANE; WAGER, 1958). A secagem por pulverização não só melhorou a preservação e a estabilidade do armazenamento de alimentos líquidos como também deu origem a produtos convenientes (por exemplo, leite em pó instantâneo e café solúvel). Na década de 1930, a indústria alimentícia iniciou a liofilização comercial, que foi posteriormente aplicada a alimentos espaciais e farmacológicos. A relação entre o teor de água dos alimentos e a taxa de várias reações prejudiciais tornou-se evidente apenas na década de 1960 (LABUZA; TANNENBAUM; KAREL, 1970).

Assim, as técnicas artesanais evoluíram para processos de fabricação eficientes, de alto rendimento e contínuos, beneficiando os consumidores em termos de disponibilidade, conveniência e custo. A indústria de alimentos, porém, não cresceu sozinha. Com ela, surgiram as grandes redes de supermercados, que saíram das pequenas vilas e passaram a funcionar em grandes centros urbanos. Desse modo, a cadeia econômica da indústria alimentar se consolidou como uma das atividades mais lucrativas do meio industrial (GOTTLIEB; JOSHI, 2010). A Figura 1.1 mostra a evolução da indústria de alimentos, o desenvolvimento de processos importantes e as datas aproximadas de sua introdução comercial.

Durante essa especialização na produção de alimentos, a indústria começou a tomar porte com a mecanização de processos; e o trabalho humano e animal foi gradativamente substituído por máquinas capazes de otimizar o tempo de produção e reduzir significativamente os custos operacionais. Além disso, com o desenvolvimento de pesticidas e agrotóxicos, capazes de impedir a infestação e a contaminação das grandes

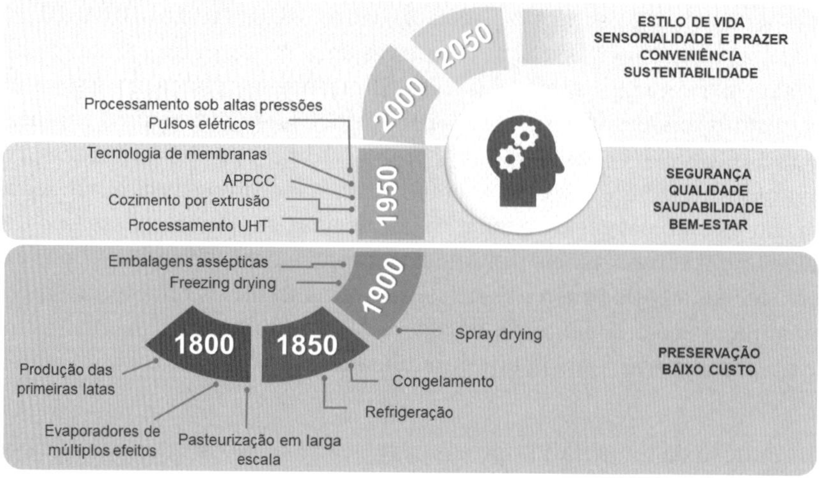

Figura 1.1 – Introdução de tecnologias relevantes na indústria de alimentos (AGUILERA, 2018, adaptado).

plantações, a produção agrícola cresceu consideravelmente (KIRSCHENMANN, 2007; KERSLAKE, 2009).

No Brasil, a primeira atividade ligada à indústria de alimentos data de 1530, com a instalação dos moinhos de açúcar de cana na região Nordeste, que fizeram da nação o maior fornecedor mundial desse produto àquela época (BRASIL. MINISTÉRIO DA EDUCAÇÃO, 2008). Contudo, o desenvolvimento da indústria de alimentos no país difere muito do processo global.

No final do século XVIII, as atividades agrícolas no Brasil começaram a crescer, e a criação de animais para consumo passou a ser constante. Esse desenvolvimento coincide com a chegada da família real portuguesa ao país, evento que forçou uma reestruturação da produção de alimentos e das condições sanitárias sob as quais essa produção se dava. Apesar dessa reestruturação, em face do baixo rendimento da colônia, inicialmente os alimentos processados consumidos no país, eram de origem estrangeira. Quando os recursos para a compra de alimentos importados ficaram escassos, forçou-se o início da produção local de alimentos (PRADO JÚNIOR, 1979).

A instauração da República, em 1889, foi decisiva para a industrialização, pois, a partir de então, começou a existir no Brasil um alto controle sobre as importações, com a aplicação de altos tributos, que serviram de incentivo para a produção local de alimentos (PRADO JÚNIOR, 1979).

Até o ano de 1844, das treze fábricas de alimentos presentes no país seis atuavam no setor de trigo e derivados, quatro no setor de bebidas, duas no de chocolates e uma no de sorvetes. A primeira fábrica atuava no setor de chocolates e pertencia ao português Henrique de Sanctis. Já as primeiras fábricas do setor de trigo e derivados, bebidas e sorvetes foram instaladas no Rio de Janeiro (CONFEA, 2010).

Até o ano de 1900, o agronegócio detinha cerca de 40% do mercado nacional de alimentos, fato que começou a mudar com o início da Primeira Guerra Mundial, com o começo da exportação de carne congelada, que criou verdadeiros monopólios nesse setor nas cidades de São Paulo e do Rio de Janeiro. A partir daí, multinacionais como a Wilson & Company e a Armour instalaram-se no Brasil, percebendo as condições favoráveis de produção local (CAMPOS; VENDRAMINI; DE OLIVEIRA, 2011). Em 1920, por exemplo, aproximadamente 40% da produção industrial do Brasil estava relacionada à indústria de alimentos. Apesar disso, a política de importações do governo da época, que as restringia e dificultava o investimento em tecnologias de produção, fez com que esse setor ficasse estagnado no quesito inovação por muitos anos (PRADO JÚNIOR, 1979).

Após grandes mudanças econômicas feitas no governo de Juscelino Kubitschek (1956–1961), o Brasil viveu um período de grande crescimento e desenvolvimento econômico, o que propiciou o progresso da indústria nacional e, consequentemente, da indústria de alimentos e bebidas (COSTA JUNIOR, 2009). Os principais ramos industriais a beneficiarem-se nessa fase foram os de bens duráveis (automóveis, eletrodomésticos etc.), em detrimento dos produtores de bens de consumo não duráveis (têxtil, alimentos, calçados etc.), o que implicou uma queda da participação percentual (da ordem de 4%) da indústria alimentícia e de bebidas na transformação industrial nacional[1] nesse momento de expansão (Figura 1.2) (RATTNER, 1978).

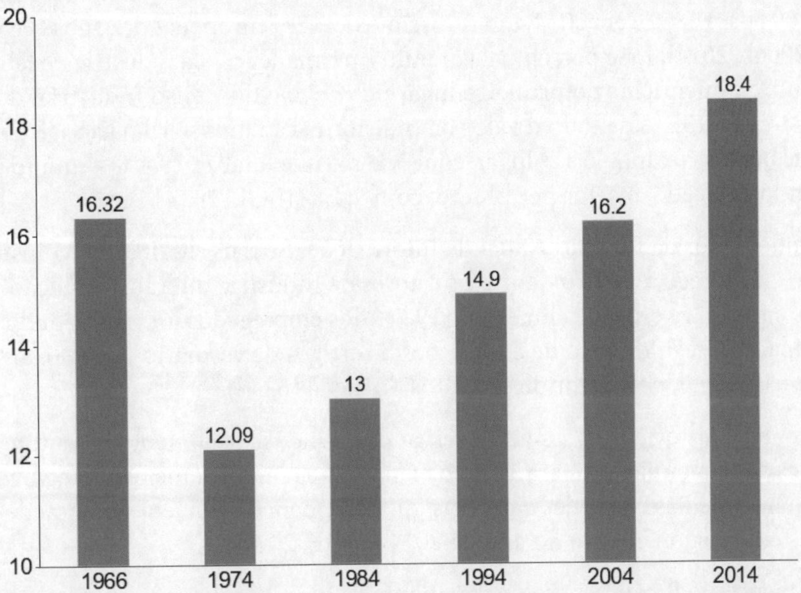

Figura 1.2 – Percentual da transformação industrial da indústria de alimentos e bebidas sobre o total geral das indústrias extrativistas e de transformação, ao longo dos anos (1966 a 2014). Fonte: (IBGE, 2017)

Esse período durou até meados de 1973, quando uma grande recessão econômica congelou o desenvolvimento industrial por mais de dez anos, fato que gerou leve aumento (1%) na participação da indústria alimentícia na transformação industrial total, uma vez que o setor de bens duráveis sofreu uma queda (COSTA JUNIOR, 2009).

[1]Transformação industrial é a diferença entre o valor bruto da produção industrial e o custo das operações industriais.

Com o intuito de acompanhar o desenvolvimento tecnológico e científico da indústria alimentícia de outros países, o Brasil necessitava, então, de mão de obra especializada para atuar no setor, que, até aquele momento, era conduzido por profissionais de áreas diversas, como veterinários, farmacêuticos, químicos e agrônomos. Impulsionado por essa necessidade, teve início em 1967, na Unicamp, sob a coordenação de André Tosello, o funcionamento de um projeto pioneiro na América Latina: a Faculdade de Tecnologia de Alimentos (FTA), curso voltado para profissionais atuantes na indústria de alimentos (LEVY, 2006).

Foi no final da década de 1990 que a indústria alimentícia alcançou liderança na atividade industrial do Brasil, superando até mesmo a indústria do petróleo (COSTA JUNIOR, 2009). Nessa década, algumas das maiores empresas de alimentos do mundo já operavam no Brasil, entre elas a Nestlé, líder do setor na época. Outras empresas de destaque eram a Cargill e a Parmalat, por exemplo, todas estrangeiras, além da Sadia e da Perdigão, que passaram a figurar entre as maiores, cinco anos mais tarde (BIRCHAL, 2004).

Considerando esse panorama, é possível dizer que a indústria de alimentos e bebidas vem ganhando cada vez mais força, o que pode ser corroborado pelo fato de o seu percentual de participação da transformação industrial total ter passado de 16,2% no ano de 2004 para 18,4% em 2014, um acréscimo de 2,2% em apenas dez anos (Figura 1.2) (IBGE, 2004b, 2014). Esse percentual garantiu a permanência da indústria de fabricação de produtos alimentícios no primeiro lugar no *ranking* do Censo Industrial do IBGE, com a marca de 15,3% de todo o valor da transformação industrial nacional, enquanto o setor de bebidas ocupou o 12º lugar, com 3,1%, o que totaliza 18,4% — muito à frente do segundo colocado, o setor petrolífero, com 9,4% (IBGE, 2014).

Segundo dados da Relação Anual de Informações Sociais (RAIS), do Ministério do Trabalho e Emprego, em 2014, entre os setores da indústria de transformação, aquele que mais empregava era o de alimentos (19,7% dos empregados formais na indústria de transformação), seguido pelo de confecções de artigos de vestuário e acessórios (8,8%) e, em terceiro lugar, pelo setor de produtos de metal (6,6%).

Nesse breve histórico, é possível observar que a indústria alimentícia sempre foi um dos pilares da economia brasileira, gerando emprego e renda por meio do funcionamento das pequenas, médias e grandes empresas que compõem o setor, em um total de 20.934 empresas em funcionamento no ano de 2014 (IBGE, 2014).

Atualmente, no Brasil, esse setor possui importância significativa na atividade industrial. Em 2020, por exemplo, a indústria de alimentos e bebidas contribuiu com 64,4% da balança comercial brasileira, com 10,6% de participação no Produto Interno Bruto (PIB) e geração de 1,68 milhão de empregos diretos (ABIA, 2021). Grandes empresas como Ambev, Cargill, Sadia, JBS, Nestlé e muitas outras operam no país, contribuindo para que tais números se mantenham em constante ascensão.

No Brasil, alguns setores desse segmento industrial com destaque no cenário internacional, tanto no quesito da produção como no da exportação, são os de suco de laranja, carne bovina, suína e de aves, café solúvel, açúcares, óleo de soja, bombons e doces, entre outros, segundo a Associação Brasileira da Indústria de Alimentos (ABIA (ASSOCIAÇÃO BRASILEIRA DA INDÚSTRIA DE ALIMENTOS), 2021).

Além disso, como já mencionado, a indústria de alimentos continua a ser o setor que mais emprega no Brasil, obtendo faturamento expressivo mesmo em tempos de crise e recessão econômica. No mercado de carnes nacional, destaca-se a atuação da JBS, primeira no setor de agronegócios do Brasil e segunda maior de alimentos do mundo (FORBES, 2021). Já no mercado de bebidas, destaca-se a Ambev, quarta maior empresa do agronegócio no país (FORBES, 2021). Apenas essa empresa possuía, até 2020, mais de 35 mil colaboradores, contava com 30 unidades processadoras de bebidas no Brasil (entre refrigerantes, cervejas, água, chás gelados e isotônicos) e duas maltarias (AMBEV, 2016), trabalhando com mais de trinta marcas de bebidas diferentes (AMBEV, 2021). Esses e outros exemplos caracterizam a grande importância desse setor para a economia e o desenvolvimento do país.

Logo, observa-se que a indústria de alimentos desenvolveu-se seguindo a tendência de urbanização e de otimização do tempo, o qual poderia passar a ser investido em trabalho nos grandes centros industriais. A Revolução Industrial e as duas Grandes Guerras tiveram papel fundamental na formação de um setor industrial voltado totalmente para o ramo alimentar, com o surgimento de necessidades alimentícias que antes não eram percebidas.

Após muito tempo em operação, houve a necessidade de inovação nesse setor, pois a alimentação passou a ser algo além de simplesmente saciar a fome da população. Atualmente, o objetivo é oferecer produtos que agradem um grande, diversificado e exigente público-alvo, com necessidades e gostos completamente diferenciados. Percebeu-se, então, que a indústria de alimentos poderia oferecer um canal inesgotável de faturamento, por ter demanda crescente, considerando-se que a alimentação é uma necessidade básica.

Desse modo, a inovação em tecnologia e pesquisa, visando a atender às tendências na alimentação da população mundial e, ainda, às novas necessidades do público consumidor, é de extrema importância para a manutenção desse expressivo segmento industrial em atividade e desenvolvimento. Pode-se concluir que o mesmo fato que motivou o desenvolvimento da indústria de alimentos ainda motiva a constante busca por inovação: a necessidade de alimentar e suprir as necessidades de uma população com um estilo de vida cada vez mais agitado e exigências cada vez mais apuradas.

REFERÊNCIAS

ABIA (ASSOCIAÇÃO BRASILEIRA DA INDÚSTRIA DE ALIMENTOS). Indústria de alimentos — Balança comercial, 2021. Disponível em: <**https://www.abia.org.br/downloads/balanca-comercial-ABIA2020.pdf**>. Acesso em: 5 ago. 2021.

ABIA (ASSOCIAÇÃO BRASILEIRA DA INDÚSTRIA DE ALIMENTOS). Relatório Anual ABIA 2020, 2021. Disponível em: <**https://www.abia.org.br/vsn/temp/z2021826RelatorioAnual2020simplesnovo1.pdf**>. Acesso em: 5 ago. 2021.

AGUILERA, J. M. Food engineering into the XXI century. *AIChE Journal*, v. 64, n. 1, 2018.

ALMEIDA, A. *A indústria conserveira de Sesimbra (1933-1945)*. [S.l.]: Saarbrücken: Novas Edições Académicas, 2015. Disponível em: <**https://www.academia.edu/25155560/A_Ind**>. Acesso em: 19 jun. 2016.

AMBEV. *Nossas Marcas*. 2021. Disponível em: <**https://www.ambev.com.br/marcas/**>. Acesso em: 6 jul. 2021.

AMBEV. *Perguntas Frequentes*. 2016. Disponível em: <**https://ri.ambev.com.br/perguntas-frequentes/**>. Acesso em: 6 jul. 2021.

BIRCHAL, S. O. *Empresa e indústria alimentícia no Brasil*. Belo Horizonte: IBMEC, 2004.

BRASIL. MINISTÉRIO DA EDUCAÇÃO. *Cadastro Nacional de Cursos e Instituições de Educação Superior*. 2021. Disponível em: <**http://emec.mec.gov.br**>. Acesso em: 15 ago. 2021.

BRASIL. MINISTÉRIO DA EDUCAÇÃO. Produção e industrialização de alimentos. *Brasília*, 2008. Disponível em: <**http://portal.mec.gov.br/seb/arquivos/pdf/profunc/13_alimentos.pdf**>. Acesso em: 10 dez. 2016.

CAMPOS, M. A.; VENDRAMINI, A. L.; DE OLIVEIRA, J. C. *História da ciência e tecnologia dos alimentos no Brasil no pós II Guerra até os dias atuais: desenvolvimento e estruturação do alimento*. [S.l.: s.n.], 2011. Disponível em: <**http://www.hcte.ufrj.br/downloads/sh/sh4/Scientiarum%20Hist%C3%B3ria%20IV-alt2.pdf**>. Acesso em: 18 jun. 2016.

CHRISTENSEN, L. P. *Raisin Production Manual*. Oakland, CA: University of California, 2000.

CONFEA (CONSELHO FEDERAL DE ENGENHARIA, ARQUITETURA E AGRONOMIA). *Engenharias*. [S.l.]: Instituto Nacional de Estudos e Pesquisas Educacionais Anísio Teixeira, 2010. (Trajetória e estado da arte da formação em Engenharia, Arquitetura e Agronomia).

COSTA JUNIOR, J. F. *Políticas públicas de defesa da concorrência: o caso da indústria alimentícia do Brasil*. 2009. Trabalho de Conclusão de Curso – Universidade de São Paulo, São Paulo.

FOOD NAVIGATOR USA. *Developing a sustainable food industry: the what, why and how*. Disponível em: <**http://www.foodnavigator-usa.com/Suppliers2/Developing-a-sustainable-food-industry-The-what-why-and-how%3E**>. Acesso em: 5 jun. 2016.

FOOD PROCESSING. Top *100*. 2016. Disponível em: <**http://www.foodprocessing.com/top100/top-100-2015/**>. Acesso em: 5 jun. 2016.

FORBES. *As 100 maiores empresas do agronegócio brasileiro em 2020*. 2021. Disponível em: <**https://forbes.com.br/forbesagro/2021/03/as-100-maiores-empresas-do-agronegocio-brasileiro-em-2020/**>. Acesso em: 6 jul. 2021.

GANE, R.; WAGER, H. G. Plant structure and dehydration. In: SCI, S. (Ed.). *Fundamental Aspects of the Dehydration of Foodstuffs*. London: Macmillian, 1958.

GOTTLIEB, R.; JOSHI, A. *Food justice*. Cambridge, MA: MIT Press, 2010.

GUZM'N, R. A.; WEISDORF, J. The Neolithic Revolution from a price-theoretic perspective. *Journal of Development Economics*, v. 96, pp. 209–219, 2011.

HARRIS, R. C. G. *Biological Applications of Freezing and Drying*. New York, NY: Academic Press Inc, 1954.

IBGE (INSTITUTO BRASILEIRO DE GEOGRAFIA E ESTATÍSTICA). Acervo: PI (Pesquisa Industrial Anual). Disponível em: <**https://sidra.ibge.gov.br/acervo#/S/PI/A/Q**>. Acesso em: 26 jan. 2017.

IBGE (INSTITUTO BRASILEIRO DE GEOGRAFIA E ESTATÍSTICA). Produto. *Pesquisa Industrial*, Rio de Janeiro, v. 23, n. 1, 2004a. Disponível em: <**http://biblioteca.ibge.gov.br/index.php/biblioteca-catalogo?view=%20detalhes%5C&id=71719**>. Acesso em: 26 jan. 2017.

IBGE (INSTITUTO BRASILEIRO DE GEOGRAFIA E ESTATÍSTICA). Produto. *Pesquisa Industrial*, Rio de Janeiro, v. 23, n. 1, 2004b. Disponível em: <**http://biblioteca.ibge.gov.br/index.php/biblioteca-catalogo?view=%20detalhes%5C&id=71719**>. Acesso em: 26 jan. 2017.

IBGE (INSTITUTO BRASILEIRO DE GEOGRAFIA E ESTATÍSTICA). Produto. *Pesquisa Industrial*, Rio de Janeiro, v. 33, n. 1, 2014. Disponível em: <**https://biblioteca.ibge.gov.br/visualizacao/periodicos/1719/pia_2014_v33_n1_empresa.pdf**>. Acesso em: 26 jan. 2017.

IKERD, J. E. Economics of sustainable farming. In: *Crisis & opportunity: sustainability in American agriculture*. Edição: C. A. Francis, C. Flora e P. A. Olson. Lincoln, NE: University of Nebraska Press, 2008. cap. 10.

IKERD, J. E. Sustaining the profitability of agriculture. In: UNIVERSITY OF MISSOURI (Ed.). *Economist's role in the agricultural sustainability paradigm*. San Antonio, TX: University of Missouri, 1996.

KERSLAKE, M. Designing Foods for Sensory Pleasure. In: BARBOSA-CÁNOVAS, G. et al. (Ed.). *Global Issues in Food Science and Technology*. [S.l.: s.n.], 2009. pp. 79–92.

KIRSCHENMANN, F. L. Potential for a new generation of biodiversity in agroecosystems of the future. *Agronomy Journal*, v. 99, n. 2, pp. 373–376, 2007.

LABUZA, T. P.; TANNENBAUM, S. R.; KAREL, M. Water content and stability of low-moisture and intermediate moisture foods. *Food Technology*, v. 24, pp. 543–550, 1970.

LEVY, C. Inovação marca nascimento da FEA. *Jornal da Unicamp*, pp. 3–16, 2006. Disponível em: <**http://www.unicamp.br/unicamp/unicamp_hoje/jornalPDF/ju318pg05.pdf**>. Acesso em: 10 dez. 2016.

MONTGOMERY, D. *Dirt: the erosion of civilizations*. Berkeley/Los Angeles: University of California Press, 2008.

PRADO JÚNIOR, C. *História econômica do Brasil*. São Paulo: Brasiliense, 1979.

RATTNER, H. Aspectos econômicos e tecnológicos da indústria de alimentos brasileira. *Revista Administração de Empresas*, v. 18, n. 3, pp. 17–36, 1978.

SMIL, V. *Enriching the Earth: Fritz Haber, Carl Bosch, and the transformation of world food production*. Cambridge, MA: MIT Press, 2001.

TOUSSAINT-SAMAT, M. A. *History of food*. Malden, MA: Blackwell Publishing, 1994.

CAPÍTULO 2
A FORMAÇÃO E A ATUAÇÃO DO ENGENHEIRO DE ALIMENTOS

2.1 FORMAÇÃO

A Academia Europeia de Engenharia de Alimentos (EAFE, na sigla em inglês) define a Engenharia de Alimentos (em tradução livre) como a formação que abrange o estudo, a modelagem e o *design* de ingredientes e alimentos em todas as escalas, usando inovações tecnológicas e princípios de engenharia no desenvolvimento, fabricação, uso e compreensão de processos alimentares existentes e emergentes, embalagens de alimentos e materiais alimentícios, desde a produção alimentícia até a digestão e saciedade, permitindo o desenvolvimento e o *design*, a produção, a disponibilidade de alimentos sustentáveis, seguros, nutritivos, saudáveis, atraentes; e fornecimento acessível de ingredientes e alimentos de alta qualidade (SAGUY; ROOS; COHEN, 2018). De forma mais concisa e simplificada, Engenharia de Alimentos é a "ciência, inovação e engenharia para dieta e bem-estar" (SAGUY; ROOS; COHEN, 2018).

Engenharia de Alimentos é um curso de formação superior, de caráter multidisciplinar, que aborda em seu currículo três pilares básicos, isolados ou integrados entre si: *engenharia*, *ciência de alimentos* e *tecnologia de alimentos*. Esses três pilares podem ser ministrados concomitantemente ao longo de toda a graduação, muito embora, em geral, siga-se a lógica de, primeiro, serem cursados os fundamentos comuns a todas as engenharias, ou seja, as disciplinas básicas de química, física e matemática.

Na sequência, integram-se as disciplinas do núcleo da ciência de alimentos (como microbiologia de alimentos, bioquímica de alimentos e química de alimentos), para, então, introduzirem-se as disciplinas e práticas associadas às tecnologias de alimentos, consideradas como disciplinas específicas e que permitem amplo aprofundamento no processamento de matérias-primas animais e vegetais. Essa sequência facilita o entendimento do aluno quanto aos conceitos e processos aplicados às tecnologias, permitindo que ele se familiarize com conceitos básicos generalistas e com os processos específicos da Engenharia de Alimentos.

A Figura 2.1 apresenta as principais disciplinas do curso de Engenharia de Alimentos, divididas segundo os pilares básicos da área, e ainda propõe uma distribuição em sete grupos das características técnicas básicas da formação do profissional dessa área, os quais serão discutidos mais detalhadamente na Quadro 2.1

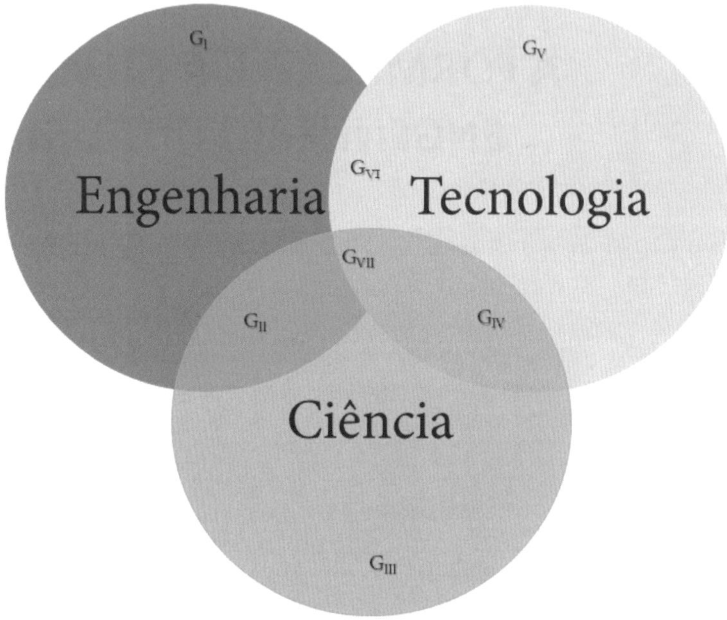

Figura 2.1 – Os pilares da Engenharia de Alimentos: engenharia, ciência e tecnologia. G_I: núcleo básico da engenharia; G_{II}: núcleo integrante entre engenharia e ciência; G_{III}: núcleo de ciência; G_{IV}: núcleo integrante de ciência e tecnologia; G_V: núcleo de tecnologia de alimentos; G_{VI}: núcleo integrante entre engenharia e tecnologia; G_{VII}: núcleo integrante entre engenharia, ciência e tecnologia. Fonte: Unicamp (2013)

Quadro 2.1 – Disciplinas básicas do curso de Engenharia de Alimentos distribuídas por grupo

Grupos	Conteúdo geral	Exemplo de disciplinas
Grupo I	**Núcleo básico da Engenharia**: engloba conteúdos de matemática, física, química e programação.	**Conteúdo básico**: Cálculo I, II e III, Física I, II e III, Química Geral, Química Orgânica, Estatística, Algoritmos e Programação, Álgebra Linear e/ou Geometria Analítica.
Grupo II	**Núcleo integrante entre engenharia e ciência**: engloba cálculo, física e química aplicados a processos generalistas.	**Profissionalizante geral**: Termodinâmica, Fenômenos de Transporte, Físico-Química, Resistência de Materiais.

Continua na próxima página

Fonte: BRASIL (2021), UFV (2008), Unicamp (2013), UFC (2015), UNESP (2016), UFLA (2019) e UFVJM (2019).

Quadro 2.1 – Disciplinas básicas do curso de Engenharia de Alimentos distribuídas por grupo

Continuação da página anterior

Grupos	Conteúdo geral	Exemplo de disciplinas
Grupo III	**Núcleo de ciência**: engloba disciplinas que visam a um entendimento do comportamento de sistemas alimentares ou dos processos físicos, químicos, bioquímicos e microbiológicos envolvidos.	**Profissionalizante geral**: Biologia Geral, Microbiologia Geral, Bioquímica Geral.
Grupo IV	**Núcleo integrante de ciência e tecnologia**: engloba disciplinas em que já há a integração dos conhecimentos de constituição e comportamento de sistemas alimentares com teorias generalistas de processamento de alimentos.	**Profissionalizante específico**: Análise Sensorial, Controle de Qualidade na Indústria de Alimentos, Embalagens de Alimentos, Conservação de Alimentos, Matérias-Primas Alimentares de Origem Animal e Vegetal.
Grupo V	**Núcleo de tecnologia de alimentos**: engloba as tecnologias de processamento de diversos alimentos. O número de disciplinas desse grupo varia bastante de uma universidade para outra, mas, em geral, ele conta, no mínimo, com quatro disciplinas obrigatórias.	**Profissionalizante específico**: Tecnologia de Frutas e Hortaliças, Tecnologia de Leite e Derivados, Tecnologia de Carne, Pescado e Ovos, Tecnologia de Panificação, Massas, Amidos e Derivados, Tecnologia de Óleos, Gorduras e Margarinas, Tecnologia de Bebidas, Tecnologia de Cereais, Raízes e Tubérculos, Tecnologia de Queijos, entre outras tecnologias.
Grupo VI	**Núcleo integrante entre engenharia e tecnologia**: engloba cálculo, física e química, aplicados a processos tecnológicos generalistas.	**Profissionalizante geral**: Operações Unitárias I, II e III, Ciência e Tecnologia de Materiais, Instrumentação e Controle, Mecânica dos Fluidos.
Grupo VII	**Núcleo integrante entre engenharia, ciência e tecnologia**: engloba disciplinas de caráter multidisciplinar, nas quais se aplicam os conceitos de engenharia e ciência a processos tecnológicos reais.	**Profissionalizante geral**: Ética e Legislação, Tratamento de Efluentes. Introdução à Engenharia de Alimentos ou Princípios de Engenharia de Alimentos, Engenharia de Bioprocessos ou Processos Bioquímicos Industriais.

Fonte: BRASIL (2021), UFV (2008), Unicamp (2013), UFC (2015), UNESP (2016), UFLA (2019) e UFVJM (2019).

A organização nesses pilares e grupos vem de uma ampla análise realizada com alguns dos principais cursos do Brasil e, ainda, das diretrizes sugeridas pelo Ministério da Educação, representando de forma abrangente a formação específica em Engenharia de Alimentos. Destaca-se que a nomenclatura das disciplinas pode variar conforme a instituição de ensino; mas, de forma geral, costuma-se abordar um conteúdo programático similar.

Observa-se que, em decorrência do viés de formação adotado, alguns cursos contemplam mais a visão das tecnologias, e outros, a visão dos processos. Os currículos atuais incorporam temas como gerenciamento da qualidade dos produtos e processos, modelagem, simulação, controle e automação de processos, logística etc.

Nos processos das indústrias de alimentos, existem grandes oportunidades para a aplicação de avançados e sofisticados princípios de engenharia, com o objetivo principal de minimizar o impacto dos processos ao meio ambiente. Interações entre ciência e engenharia deverão ser mais intensas nos anos futuros, e espera-se maior integração com nutricionistas, cientistas de alimentos, farmacêuticos e médicos especialistas, dentre outros.

O curso possui uma carga horária mínima de 3.600 horas, estipulada pelo Ministério da Educação (MEC) (BRASIL, 2016), planejada para ser concluída em dez semestres, em cursos diurnos; ou em doze semestres, em cursos noturnos. Dessa carga horária total, boa parte direciona-se a aulas práticas em laboratórios, dedicadas principalmente às disciplinas de Ciência e Tecnologia de Alimentos. O aluno deve cumprir também atividades extraclasse, como monitorias, projetos de extensão universitária, iniciação científica, atividades esportivas, atividades voluntárias, dentre outras, como requisito obrigatório para a aprovação em atividades acadêmicas complementares (as quais variam de uma instituição para outra).

Além disso, uma atividade de grande relevância para o graduando na área é a realização do estágio curricular supervisionado, uma oportunidade importante para a formação que, além de permitir a atuação nas atividades práticas conduzidas nas indústrias, ainda pode oferecer contatos que poderão facilitar a entrada no mercado de trabalho.

2.2 ÁREAS DE ATUAÇÃO

O profissional formado em Engenharia de Alimentos tem diversas alternativas de atuação no mercado de trabalho, já que, além da abrangência que o curso proporciona (característica da formação básica em engenharia), há ainda a oportunidade de assumir cargos gerenciais, empreender em seu próprio negócio, entre diversas outras possibilidades de mercado, como será discutido a seguir.

A indústria de alimentos e insumos constitui o principal campo de atividade do engenheiro de alimentos e abre a ele uma grande frente de atuação profissional, considerando-se a extensão da área: indústrias de produtos acabados, indústrias de insumos e aditivos alimentares (aromas, corantes etc.), de embalagens, equipamentos e outros.

Além disso, os postos de trabalho ainda podem ser ampliados a outros setores comerciais, como empresas de serviços, supermercados, redes de *fast-food*, frigoríficos, empresas de consultoria e de pesquisa, órgãos de fiscalização e instituições públicas.

A Figura 2.2 aponta as principais grandes áreas de concentração e atuação dos profissionais formados em Engenharia de Alimentos.

Figura 2.2 – Ramos de atuação do engenheiro de alimentos.

Os profissionais mais valorizados pelas empresas de alimentos são aqueles que possuem uma visão sistêmica de todas as necessidades do setor, as quais são apresentadas na Figura 2.3:

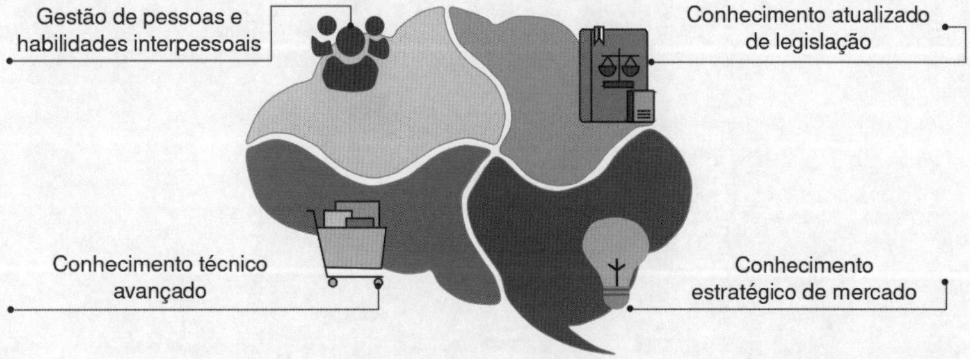

Figura 2.3 – Visão sistêmica da indústria de alimentos.

2.3 INDÚSTRIA DE PRODUTOS ALIMENTÍCIOS E INSUMOS

Dentro da indústria de alimentos, o profissional graduado pode atuar, de forma ampla, ao longo de todo o processo de industrialização, que inclui desde o processamento das matérias-primas até o controle de qualidade do produto final. As principais áreas de atuação do engenheiro de alimentos na indústria são apresentadas na Figura 2.4:

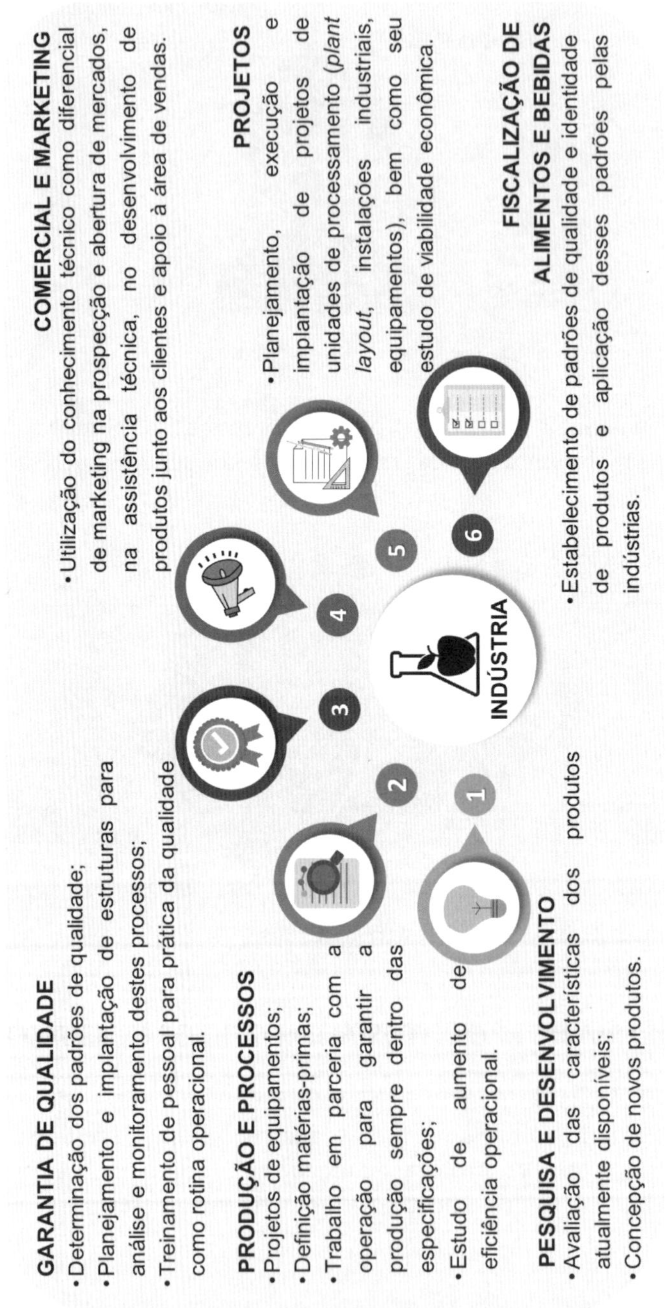

Figura 2.4 – Principais áreas de atuação do engenheiro de alimentos dentro da indústria alimentícia e de insumos. Seção 1: garantia de qualidade; seção 2: produção e processos; seção 3: pesquisa e desenvolvimento; seção 4: comercial e marketing; seção 5: projetos; seção 6: fiscalização de alimentos e bebidas.

Essas atividades podem envolver trabalhos na linha de produção (em contato direto com a fabricação dos produtos), em laboratório (determinando características microbiológicas, químicas e físico-químicas dos alimentos), no desenvolvimento de embalagens, no controle do armazenamento e na distribuição dos alimentos, visando à sua perfeita conservação e segurança alimentar. Ademais de todos esses segmentos, outra atuação do engenheiro de alimentos é a logística de distribuição dos produtos, além da elaboração de métodos e processos de reciclagem, assim como o aproveitamento de subprodutos oriundos da indústria de alimentos (CREA, 2019). Considerando-se essa grande diversidade de áreas, serão discutidas apenas algumas a seguir.

Na área chamada de "produção e processos" (Figura 2.4, seção 1), o engenheiro de alimentos é responsável pelos projetos, operações e melhorias dos sistemas que criam e entregam os produtos (bens ou serviços) dentro da indústria; deve trabalhar de modo a racionalizar e melhorar os processos e fluxos produtivos, além de reduzir os custos industriais. É ele quem define de que modo matérias-primas, mão de obra e equipamentos são integrados; especifica, prevê e avalia os resultados obtidos desses sistemas; pode usar computadores para simular e controlar as mais variadas atividades e equipamentos da sua indústria, como linhas de montagem e robôs automatizados, além de atuar com outros profissionais, como engenheiros mecânicos e eletricistas, em atividades de manutenção da unidade industrial.

Na área intitulada "pesquisa e desenvolvimento" (Figura 2.4, seção 1), o profissional deve estar apto a pesquisar e desenvolver novos produtos alimentícios, processos e tecnologias, com o objetivo de atingir novos mercados, reduzir desperdícios e utilizar subprodutos. Ele desempenha papel fundamental para garantir a competitividade de um fabricante, fornecendo produtos em constante evolução. Seu trabalho pode ter início já na busca por melhores componentes para um novo produto ou melhoria de um já existente, até o desenvolvimento da interface com o usuário final. Aqui, o engenheiro de alimentos utiliza seus conhecimentos em matérias-primas, processos e equipamentos para fornecer os subsídios necessários ao lançamento de um novo produto e propor argumentos de vendas e bases para cálculos de custos.

O profissional atuante na área de "pesquisa e desenvolvimento" deve apresentar algumas características técnicas particulares em sua formação, incorporando conhecimentos específicos da ciência dos alimentos. Tais conhecimentos estão ligados à segurança alimentar (microbiologia e toxicologia de alimentos) e aos aspectos da qualidade sensorial, nutricional e química dos alimentos. A análise sensorial é uma ferramenta-chave não só no desenvolvimento de novos produtos, mas também na seleção e caracterização de matérias-primas, no estudo de vida de prateleira (*shelf life*), na identificação das preferências dos consumidores por um determinado produto e, finalmente, na seleção dos sistemas de envase e das condições de armazenamento para a otimização e a melhoria da qualidade. O engenheiro de alimentos deve ainda lançar mão dos conceitos de microbiologia e toxicologia de alimentos, aliados à análise sensorial, que englobam estudos relativos aos microrganismos e compostos tóxicos importantes para a garantia da inocuidade do alimento e da segurança do consumidor final.

Na área de "garantia de qualidade" (Figura 2.4, seção 2), o engenheiro de alimentos desenvolve o acompanhamento em todo o processamento dos alimentos e bebidas, com controle de qualidade nos aspectos químicos, físicos, sensoriais e microbiológicos, além de aplicar boas práticas de manipulação voltadas à produção de alimentos seguros do ponto de vista da saúde do consumidor. Atua, portanto, na garantia da qualidade e da segurança do alimento, implantando ferramentas para melhorar a produção; visa à solução de problemas, à facilitação de atividades, à segurança de atividades de risco e ao melhoramento das condições higiênico-sanitárias durante o processo de produção de alimentos. O profissional atuante dessa área deve estar apto a realizar o estudo dos principais mecanismos e ferramentas para o estabelecimento de programas de garantia da qualidade, com ênfase na segurança, baseando-se, geralmente, em duas importantes normas internacionais: a NBR ISO 9001 (Sistema de Gestão de Qualidade) e a NBR ISO 22000 (Sistema de Gestão de Segurança dos Alimentos), que compõem, juntas, um sistema de gestão integrado sob supervisão da NBR ISO 22000, a qual, por sua vez, combina a gestão da qualidade (ISO 9001) com a segurança dos alimentos (Análise de Perigos e Pontos Críticos de Controle — APPCC). Ademais, deve ter conhecimento de conceitos de logística e sua vinculação com a segurança alimentar; dos aspectos comportamentais; e do papel da hierarquia na gestão do sistema de qualidade, da segurança alimentar, do planejamento estratégico e da qualidade, além de saber gerir crises (problemas emergenciais junto ao mercado e ao consumidor) e o *recall* de produtos.

Na área "comercial e marketing" (Figura 2.4, seção 3), o profissional pode atuar como vendedor técnico de produtos ou serviços e com a análise de mercado dos produtos e estratégias de comercialização, respectivamente. Já na área de logística, pode estar envolvido com a armazenagem, a rastreabilidade e o transporte do produto de acordo com as normas de segurança e meio ambiente.

Quando atua na área de "projetos" (Figura 2.4, seção 3), o engenheiro de alimentos é responsável pelo planejamento, pela execução e pela implantação de projetos de unidades de processamento, cobrindo aspectos tecnológicos, econômicos e sociais. Além da criação do projeto da instalação industrial por meio de fluxogramas, *layouts*, plantas baixas, isométricas (tridimensionais), é encarregado da escolha de materiais a serem empregados em instalações e equipamentos; do dimensionamento e especificação de tubulações e seus acessórios; do estudo do impacto econômico e social; e de mercado e processo, bem como seu estudo de viabilidade econômica.

Na área de "fiscalização de alimentos e bebidas" (Figura 2.4, seção 4), o engenheiro de alimentos pode atuar junto aos órgãos governamentais de âmbito municipal, estadual e federal, objetivando o estabelecimento de padrões de qualidade e identidade de produtos e contribuindo para o cumprimento, pelas indústrias, das exigências impostas pela legislação, garantindo-se, assim, a segurança e os padrões de qualidade dos produtos alimentícios in natura ou industrializados.

O engenheiro de alimentos pode ainda atuar na área ambiental, estabelecendo procedimentos com o objetivo de evitar a contaminação pós-processo por unidade, ou procedimentos a serem tomados em caso de contaminação. Questões como tratamento de efluentes, descarte de resíduos de laboratório e descarte de resíduos produzidos em escala industrial ou por restaurantes são algumas das abordadas por esses profissionais.

Há que se ressaltar, também, a importância do engenheiro de alimentos nas esferas de manutenção, armazenagem, consultoria e empresarial. Ele atua na área de armazenagem desenvolvendo sua programação e utilizando as técnicas mais adequadas para evitar perdas e manter a qualidade da matéria-prima até sua industrialização ou seu consumo in natura; e, igualmente, dando assistência técnica à indústria de alimentos, a fim de solucionar problemas identificados. Por fim, com os conhecimentos adquiridos ao longo do curso, o engenheiro de alimentos tem ampla capacidade para se tornar empresário, montando seu próprio negócio.

2.4 ÓRGÃOS E INSTITUIÇÕES PÚBLICOS

Os concursos públicos oferecem aos engenheiros de alimentos uma quantidade considerável de vagas todos os anos. A maior oferta está nas prefeituras e nos órgãos estaduais no interior do país, com salários iniciais na faixa dos R$ 4.000,00, sem contar gratificações e abonos.

Em órgãos federais, as vagas são menos abundantes, apesar de a remuneração ser mais elevada. Os principais órgãos e instituições que empregam engenheiros de alimentos estão descritos no Quadro 2.2. Entre eles destacam-se:

- *Ministérios*: Ministério da Agricultura, Pecuária e Abastecimento; Ministério da Ciência, Tecnologia, Inovações e Comunicações; entre outros;

- *Órgãos de fiscalização e controle e institutos*: Agência Nacional de Vigilância Sanitária (Anvisa); Companhia Nacional de Abastecimento (Conab); Instituto Nacional de Metrologia, Qualidade e Tecnologia (Inmetro); Vigilância Sanitária Municipal e Estadual e Empresa de Assistência Técnica e Extensão Rural (Emater); Coordenadoria de Assistência Técnica Integral (CATI); Centrais de Atendimento ao Exportador; Centro de Tecnologia de Produtos Alimentares (do Senai); Fundação André Tosello; Instituto Agronômico de Campinas (IAC); Instituto de Economia Agrícola (IEA); Instituto Nacional de Propriedade Industrial (INPI); Instituto Adolfo Lutz; Instituto de Tecnologia de Alimentos (Ital); Sebrae Nacional; empresas de pesquisa agropecuária estaduais; institutos agronômicos, biológicos e de tecnologia de alimentos; centros de tecnologia de produtos alimentares entre outros.

2.5 PESQUISA PÚBLICA

Além da pesquisa realizada nas universidades federais, estaduais e privadas, muitos institutos não universitários e centros de pesquisa e desenvolvimento de empresas realizam pesquisas científicas e tecnológicas na área de alimentos (CENTRO ALEMÃO DE PESQUISA E INOVAÇÃO, 2022). Uma breve descrição dos trabalhos executados pelos pesquisadores nessas diferentes instituições é oferecida a seguir.

UNIVERSIDADES — As universidades, sobretudo as públicas, mantêm grupos e linhas de pesquisa regulares, dos quais, sob orientação dos docentes, participam doutorandos, mestrandos e graduandos de programas de iniciação científica.

Quadro 2.2 – Principais órgãos e ministérios com oportunidades profissionais para engenheiros de alimentos

Ministérios	Órgãos de fiscalização e controle
Ministério da Agricultura e do Abastecimento	Instituto Nacional de Propriedade Industrial
Ministério do Desenvolvimento, Indústria e Comércio Exterior	Companhia Nacional de Abastecimento
Ministério do Desenvolvimento e Combate à Fome	Agência Nacional de Vigilância Sanitária
Ministério do Desenvolvimento Agrário	Vigilância Sanitária Municipal e Estadual
	INMETRO

Institutos federais de pesquisa — A maior parte dos institutos federais de pesquisa não universitária está vinculada ao Ministério da Ciência, Tecnologia e Inovação (MCTI), como o Instituto Nacional de Tecnologia (INT), no Rio de Janeiro (RJ), e o Centro Nacional de Pesquisa em Energia e Materiais (CNPEM), em Campinas (SP). O primeiro atua nas áreas de engenharia de avaliações, corrosão e degradação, energia, processamento e caracterização de materiais. Já o segundo reúne quatro unidades de pesquisa relevantes no cenário nacional: Laboratório Nacional de Luz Síncroton (LNLS), Laboratório Nacional de Biociências (LNBio), Laboratório Nacional de Ciência e Tecnologia do Bioetanol (CTBE) e Laboratório Nacional de Nanotecnologia (LNNano).

Institutos estaduais de pesquisa — As unidades federativas do Brasil possuem inúmeros centros estaduais de pesquisa, geralmente atendendo a demandas regionais. Responsável por praticamente metade da produção científica do país, o estado de São Paulo reúne a maior rede de centros de pesquisa, inclusive de referência nacional. Alguns exemplos incluem o Instituto de Pesquisas Tecnológicas (IPT), na cidade de São Paulo, e o Instituto de Tecnologia de Alimentos (Ital), em Campinas, cidade que também sedia o Instituto Agronômico de Campinas (IAC), instituição com mais de 130 anos de atuação.

Institutos nacionais de ciência e tecnologia (INCT) — O Programa Institutos Nacionais de Ciência e Tecnologia tem como meta mobilizar e agregar os melhores grupos de pesquisa em áreas estratégicas para o desenvolvimento sustentável do país e para a produção de tecnologias de ponta, a fim de promover a inovação de forma articulada com empresas inovadoras. Os institutos impulsionam a pesquisa científica básica e formam jovens pesquisadores, além de apoiarem a instalação de laboratórios em instituições de ensino e pesquisa e de empresas. O programa é vinculado ao MCTI, em parceria com o MEC, o Ministério da Saúde e o Banco Nacional de Desenvolvimento Econômico e Social (BNDES). Entre os temas apoiados, estão ecologia e meio ambiente, saúde, nanotecnologia, energia, engenharia e tecnologia da informação, ciências humanas e sociais.

Empresas e indústrias nacionais — Conforme o balanço anual de 2020 da ABIA, o setor alimentício possui 37,7 mil empresas formais, sendo 76% delas microempresas (com até dezenove empregados) e 1,6%, grandes empresas (com mais de quinhentos empregados) (ABIA, 2021). As maiores empresas do setor são as principais responsáveis pelos investimentos de grande porte e pelo setor nacional de pesquisa e desenvolvimento. Entretanto, de acordo com a Pesquisa Industrial de Inovação Tecnológica (PINTEC), edição de 2014, feita pelo IBGE, os investimentos de empresas do setor alimentício e de bebidas em pesquisa e desenvolvimento no país correspondem a 0,83% da receita líquida dessas empresas (IBGE, 2016).

REFERÊNCIAS

ABIA (ASSOCIAÇÃO BRASILEIRA DA INDÚSTRIA DE ALIMENTOS). *Indústria de alimentos — Empregos*. 2021. Disponível em: <**https://abia.org.br/downloads/numeros-empregos-ABIA2020.pdf**>. Acesso em: 7 ago. 2021.

BRASIL. MINISTÉRIO DA EDUCAÇÃO. *Cadastro Nacional de Cursos e Instituições de Educação Superior*. 2021. Disponível em: <**http://emec.mec.gov.br**>. Acesso em: 15 ago. 2021.

BRASIL. MINISTÉRIO DA EDUCAÇÃO. *Referenciais nacionais dos cursos de Engenharia*. 2016. Disponível em: <**http://portal.mec.gov.br/dmdocuments/referenciais2.pdf**>. Acesso em: 17 fev. 2022.

CENTRO ALEMÃO DE PESQUISA E INOVAÇÃO. *Brasil: instituições de pesquisa*. 2022. Disponível em: <**https://www.dwih-saopaulo.org/pt/pesquisa-e-inovacao/cenario-de-pesquisa-e-inovacao-no-brasil/instituicoes-de-pesquisa-e-inovacao/instituicoes-de-pesquisa/**>. Acesso em: 17 fev. 2022.

CREA (CONSELHO REGIONAL DE ENGENHARIA E AGRONOMIA). *Vice-presidente da Abea fala sobre os desafios da Engenharia de Alimentos*. 2019. Disponível em: <**http://www.crea-rs.org.br/site/index.php?p=ver-noticia&id=5782**>. Acesso em: 8 ago. 2021.

IBGE (INSTITUTO BRASILEIRO DE GEOGRAFIA E ESTATÍSTICA). *Pesquisa Industrial de Inovação: 2014*. Rio de Janeiro: IBGE, 2016.

SAGUY, I. S.; ROOS, Y. H.; COHEN, E. Food engineering and food science and technology: Forward-looking journey to future new horizons. *Innovative Food Science and Emerging Technologies*, v. 4, pp. 326–334, 2018.

UFC (UNIVERSIDADE FEDERAL DO CEARÁ). *Projeto pedagógico do curso de engenharia de alimentos (Grau bacharelado)*. 2015. Disponível em: <**https://si3.ufc.br/sigaa/public/curso/ppp.jsf?**>. Acesso em: 17 fev. 2022.

UFLA (UNIVERSIDADE FEDERAL DE LAVRAS). *Matrizes curriculares e ementas*. 2019. Disponível em: <**https://drive.google.com/a/ufla.br/file/d/1Ocvc2W5i47Uw9VWlhUOPlc3258LKRE--/view?usp%20=sharing**>. Acesso em: 17 fev. 2022.

UFV (UNIVERSIDADE FEDERAL DE VIÇOSA). *Currículo do curso de Engenharia de Alimentos*. 2008. Disponível em: <**http://www.novoscursos.ufv.br/graduacao/ufv/eal/www/wp-content/uploads/2011/05/PROJETO-POLITICO-PEDAGOGICO-DO-CURSO-DE-ENGENHARIA-DE.pdf**>. Acesso em: 17 fev. 2022.

UFVJM (UNIVERSIDADE FEDERAL DOS VALES DO JEQUITINHONHA E MUCURI). *Estruturas curriculares*. 2019. Disponível em: <**https://www4.ict.ufvjm.edu.br/wp-content/uploads/2019/09/Engenharia-Alimentos-Projeto-Pedag%C3%B3gico-1.pdf**>. Acesso em: 17 fev. 2022.

UNESP (UNIVERSIDADE ESTADUAL PAULISTA). *Projeto Pedagógico*. Curso de Engenharia de Alimentos – Campus São José do Rio Preto. Disponível em: <**https://www.ibilce.unesp.br/Home/Graduacao450/EngenhariadeAlimentos/engenharia-de-alimentos---projeto-politico-pedagogico.pdf**>. Acesso em: 27 jul. 2016.

UNICAMP (UNIVERSIDADE ESTADUAL DE CAMPINAS). *Engenharia de Alimentos — Currículo Pleno. Faculdade de Engenharia de Alimentos*. 2013. Disponível em: <**http://www.graduacao.fea.unicamp.br/sites/default/files/inline-images/wI54fPU8tlZn9x8I2QP1ZKcsfIt6rvTVAJFPEeHIWjT4stLmhI.pdf**>. Acesso em: 25 jun. 2016.

CAPÍTULO 3

CURSOS DE GRADUAÇÃO EM ENGENHARIA DE ALIMENTOS NO BRASIL

Embora o termo *food science*, "ciência dos alimentos", seja utilizado por algumas universidades como designação para o mesmo tipo de licenciatura que a Engenharia de Alimentos, geralmente esta é mais abrangente e cuida, em especial, da industrialização de alimentos e de todos os aspectos relacionados a esse processo (CAES, 2017).

A criação da formação superior em Engenharia de Alimentos ao redor do mundo não tem um marco inicial exato; tal formação originou-se de um desdobramento da Engenharia Química, a qual era, até então, a profissão majoritária atuante no ramo da indústria alimentícia e áreas afins. O curso surgiu oficialmente com essa denominação na década de 1950, como uma disciplina importante nas grandes escolas de agronomia e veterinária dos Estados Unidos, relacionada a operações pós-colheita ligadas ao desempenho de equipamentos de processamento de alimentos. Em universidades como a Universidade da Califórnia, tem-se conhecimento de departamentos de vinicultura e azeite que datam de 1880 e 1887, respectivamente. Estes, em seguida, evoluiriam para a criação do Departamento de Ciência e Tecnologia, em 1959 (SILVEIRA JUNIOR; CHANG, 2016).

Dessa forma, nas universidades americanas, o curso de Engenharia de Alimentos foi estabelecido em faculdades agrícolas, e não em escolas de Engenharia, tendo de desenvolver-se primeiramente dentro ou ao lado dos Departamentos de Tecnologia de Alimentos, Departamentos de Ciência de Alimentos ou Departamentos de Engenharia Agrícola já existentes. Nos últimos vinte anos, vários grupos de *food engineering* passaram a fazer parte dos Departamentos de Sistemas Biológicos, Engenharias, Engenharia de Bioprocessos ou Agricultura e Engenharia Biológica.

Assim, embora o curso de Engenharia de Alimentos seja relativamente novo, as áreas e atividades que ele compreende são bastante antigas. Coleções dos primeiros escritos na arte de processar alimentos indicam que conhecimento popular e *expertise* estavam envolvidos no seu desenvolvimento. Culturas diferentes possuíam vários tabus englobando não apenas consumo, mas também os modos de preparação dos alimentos (PRADO, 2021).

Pode-se dizer, portanto, que o curso de Engenharia de Alimentos surgiu como uma disciplina impulsionada por uma indústria de alimentos em expansão, interessada em alto volume de produção e redução de custos, como mencionado no Capítulo 1. Já no final do século XX, os engenheiros de alimentos contribuíram para os fundamentos e aplicações de várias novas tecnologias, principalmente processamento de alta pressão e campos elétricos pulsados, aquecimento ôhmico, separação por membranas e extração de fluidos supercríticos, algumas das quais atingiram a escala comercial.

No Brasil, na década de 1940, o estudo de tecnologias voltadas à indústria alimentícia era escasso. A primeira faculdade a disponibilizar o curso de Engenharia de Alimentos no Brasil foi a Unicamp. Nascida em 1967, sob a alcunha de Faculdade de Tecnologia de Alimentos (FTA), posteriormente denominada Faculdade de Engenharia de Alimentos (FEA), a primeira instituição de ensino e pesquisa da América Latina voltada ao impulsionamento tecnológico na área de alimentos, a qual articulava conhecimentos dos profissionais de química, farmácia, agronomia e veterinária em um único profissional (LEVY, 2006).

André Tosello, engenheiro agrônomo formado pela Universidade de São Paulo (USP), redigiu o estudo "Contribuição para o estabelecimento da Faculdade de Tecnologia de Alimentos na Universidade de Campinas", no qual apresentou os problemas associados à crescente população brasileira atrelados à necessidade de melhor se produzirem e conservarem os alimentos, definindo, assim, o campo de estudos a serem firmados pela nova faculdade (LEVY, 2006). Fundamentada no trabalho desenvolvido por Tosello, a instalação e o funcionamento da FTA e dos Institutos de Biologia, Matemática, Física e Química, e das Faculdades de Engenharia, Ciências e Enfermagem foram autorizados pelo Conselho Estadual de Educação em 19 de dezembro de 1964. Já em 1967, apenas um ano após a resolução que autorizava a instalação do curso, ele foi implantado, embasado em cursos correspondentes da Europa e dos Estados Unidos (LEVY, 2006).

A grade do primeiro curso de Engenharia de Alimentos do país foi definida para ser cumprida em 5 anos, abrangendo disciplinas que envolvessem a aplicação simultânea da ciência e da engenharia, e da fabricação, da distribuição e do consumo dos produtos, ministradas por três departamentos: Ciência de Alimentos, Tecnologia de Alimentos e Engenharia de Alimentos. Dessa forma, poder-se-ia impulsionar o desenvolvimento tecnológico na área por meio da formação de profissionais qualificados para atuar nas indústrias alimentícias (LEVY, 2006).

Um ano após a criação, em 1968, os profissionais que já trabalhavam na área de alimentos e que almejavam complementar o currículo puderam cursá-lo realizando o aproveitamento de disciplinas já cursadas. Já em 1969, a turma inaugural, formada por seis estudantes, completava o curso (LEVY, 2006).

Três primeiros prédios da FTA, em 4.700 metros quadrados de área útil.

Iracema de Oliveira Moraes recebe o diploma: primeira ex-aluna a se tornar diretora da FEA.

Descerramento da fita inaugural da FTA da Unicamp: o diretor, André Tosello, o reitor, Zeferino Vaz, e o prefeito de Campinas, Lauro Péricles.

Acima, duas imagens da visita inaugural da FTA: Zeferino Vaz cuida da apresentação para as autoridades.

Primeira turma de formandos, em 1970: profissionais que trabalhavam na indústria.

Figura 3.1 – Nascimento da Engenharia de Alimentos. Fonte: Levy (2006).

Após a formação da primeira turma dita regular, ou seja, formada a partir do vestibular e cursada em cinco anos, o curso de Engenharia de Alimentos tornou-se conhecido e disseminou-se por todos os estados do país. Tal expansão propiciou, e possibilita até os dias atuais, o desenvolvimento e o aperfeiçoamento da indústria alimentícia por meio da promoção de novos produtos e da renovação/melhora de produtos já existentes, que, por sua vez, possibilitam o crescimento científico e tecnológico brasileiro em escala industrial.

O governo brasileiro reconheceu o curso de Engenharia de Alimentos mediante o Decreto nº 68.644, de 21 de maio de 1971. Já as Resoluções do Conselho Federal de Educação nº 48/76 e nº 52/76 e a Portaria nº 1.695/94 do Ministério da Educação e dos Desportos definiram o currículo mínimo do curso. Cabe aqui ressaltar duas instituições relevantes para a área de alimentos: a ABIA e a Associação Brasileira de Engenheiros de Alimentos (ABEA). A ABIA, criada em 1963, tem como objetivo reunir as empresas que se dedicam à indústria alimentícia, desempenhando o papel de interlocutora junto ao poder público, na qualidade de órgão técnico e consultivo. A ABEA, fundada em 7 de junho de 1975, é uma entidade de classe de âmbito nacional, organizada sob a forma de sociedade civil sem fins lucrativos. Destina-se à valorização da profissão de Engenharia de Alimentos junto à sociedade civil, aos poderes públicos e a empresas e instituições públicas e privadas. Tem o objetivo de proteger os engenheiros de alimentos, por meio dos consolidados conceitos da ética profissional, e o propósito de contribuir com o desenvolvimento socioeconômico do país.

Dentre os eventos relevantes da área, destaca-se a Feira Internacional de Serviços e Produtos para Alimentação (Fispal Tecnologia, anteriormente denominada Fispal), cuja primeira edição se deu em 1984, e que, em junho de 2019, apresentou sua 35ª edição. Trata-se de uma feira/exposição na qual as principais indústrias de alimentos apresentam inovações em produtos, processos, equipamentos, matérias-primas, dentre outras.

Em 1984, foi concebido o Programa de Apoio ao Desenvolvimento Científico e Tecnológico (PADCT), como instrumento de implementação da política de ciência e tecnologia do governo federal, a fim de suprir lacunas no atendimento a algumas áreas prioritárias, dentre elas a Engenharia de Alimentos. O apoio à infraestrutura recebido pelas instituições de ensino superior (IES) existentes foi fundamental para alavancar a pesquisa, consolidar seus cursos de graduação e apoiar o desenvolvimento de seus cursos de pós-graduação em Engenharia, Ciência e Tecnologia de Alimentos. Após a criação do curso de Engenharia de Alimentos na Unicamp, diversos outros foram criados no país: cinco novos cursos na década 1970 e outros seis, na década de 1980, entre os quais cinco estão localizados na região Sudeste. Em 1990, o aumento do número de cursos de Engenharia de Alimentos no Brasil foi significativo, passando de nove para dezesseis, distribuídos por todas as regiões brasileiras (BRASIL, 2021).

Entre os anos de 1991 e 1999, o Brasil contava com apenas 25 cursos de graduação em Engenharia de Alimentos (Figura 3.2), porém, devido ao aumento da competitividade, as indústrias alimentícias passaram a necessitar de profissionais específicos da área (REINEHR; COLLA, 2013). Esse fato impulsionou o surgimento de 79 novos cursos de Engenharia de Alimentos a partir do ano 2000,[1] divididos em instituições particulares e públicas. Em 2012, verificou-se a existência de 89 cursos de Engenharia de Alimentos oferecidos no Brasil, sendo que a maior parte se encontrava em instituições públicas. A Tabela 3.1 apresenta os cursos mais antigos, com início de funcionamento até o ano de 1995.

[1] Na distribuição dos cursos por data, três não constam no total devido à falta dessa informação no site do MEC.

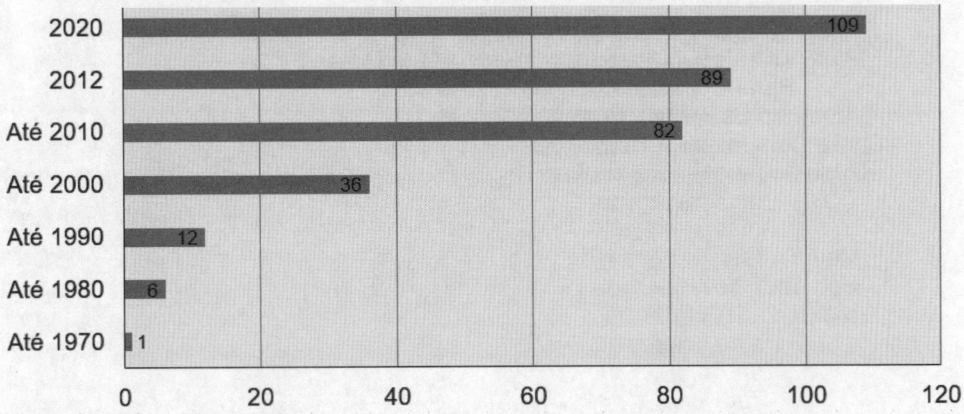

Figura 3.2 – Evolução do número de cursos de Engenharia de Alimentos oferecidos no Brasil. Fonte: BRASIL (2021, adaptado).

Tabela 3.1 – Cursos mais antigos de Engenharia de Alimentos em funcionamento no Brasil

Instituição	Cidade	Nota Enade	Início do funcionamento
Unicamp	Campinas-SP	5	1º mar. 1967
UFV	Viçosa-MG	5	10 mar. 1975
UFC	Fortaleza-CE	4	1º jan. 1976
UFPB	João Pessoa-PB	3	24 mar. 1977
Furg	Rio Grande-RS	3	1º mar. 1979
UFSC	Florianópolis-SC	5	1º ago. 1979
Unifeb	Barretos-SP	4	20 maio 1980
Unesp	São José do Rio Preto-SP	4	27 dez. 1983
CEUN-IMT	São Caetano do Sul-SP	4	10 fev. 1986
UFRRJ	Seropédica-RJ	4	7 mar. 1991
Unisinos	São Leopoldo-RS	4	10 mar. 1992
URI	Erechim-RS	2	28 fev. 1994
UFRGS	Porto Alegre-RS	5	1º mar. 1995

Fonte: BRASIL (2021).

Atualmente, os cursos de graduação em Engenharia de Alimentos são amplamente distribuídos pelo território brasileiro, estando presentes em 22 estados e no Distrito Federal, em um total de 104 cursos em atividade e em funcionamento, com maior ocorrência nas regiões Sul e Sudeste, como pode ser visualizado na Figura 3.3. Os estados de São Paulo e Minas Gerais têm participação mais expressiva em número de cursos de graduação, com vinte e catorze, respectivamente.

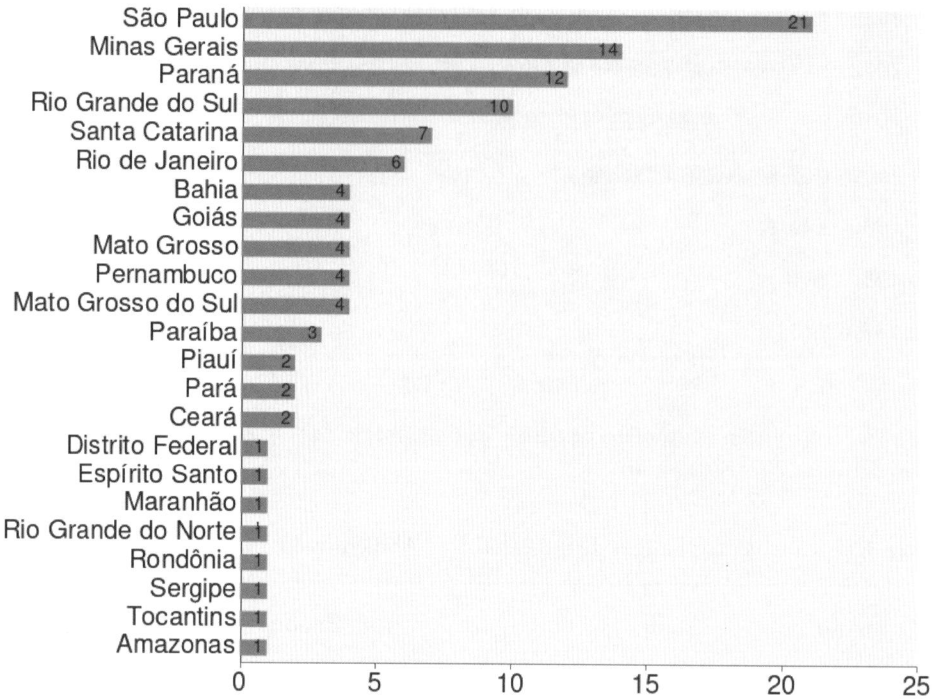

Figura 3.3 – Distribuição dos cursos de graduação em Engenharia de Alimentos por estado da Federação. Fonte: BRASIL (2021).

Para garantir a qualidade do ensino nas Instituições de Ensino Superior (IES), o MEC possui um sistema que possibilita a avaliação dos cursos de graduação em todo o país: o Exame Nacional de Desempenho dos Estudantes (Enade), responsável por avaliar o rendimento dos concluintes dos cursos de graduação em relação aos conteúdos programáticos, habilidades e competências adquiridas em sua formação. É um exame obrigatório, e a situação de regularidade do estudante no exame deve constar em seu histórico escolar. A primeira aplicação do Enade ocorreu em 2004, e a periodicidade máxima da avaliação é trienal para cada área do conhecimento aos alunos dos últimos períodos. A avaliação serve como base para o cálculo de indicadores da qualidade do ensino superior, como Conceito Enade, Conceito Preliminar de Curso (CPC) e Índice Geral de Cursos Avaliados da Instituição (IGC). Dentre esses, destaca-se o Conceito Enade, que classifica os cursos de graduação em uma escala de 1 a 5, na qual 5 é a nota máxima (INEP, 2015).

A Tabela 3.2 traz os cursos de Engenharia de Alimentos mais bem qualificados, segundo o conceito Enade do ano de 2019 (último ano, até o fechamento deste material, em que esses cursos foram avaliados).

Tabela 3.2 – Cursos mais bem avaliados no conceito Enade em 2019

Estado	Instituição	Cidade	Conceito Enade
MG	UFV	Viçosa	5
PR	UTFPR	Francisco Beltrão	5
RS	UFRGS	Porto Alegre	5
SC	UFSC	Florianópolis	5
SP	Unicamp	Campinas — diurno	5
SP	Unicamp	Campinas — noturno	5
CE	UFC	Fortaleza	4
MG	UFV	Florestal	4
MG	UFLA	Lavras	4
MG	UFVJM	Diamantina	4
MG	UFTM	Uberaba	4
MG	IFSULDEMINAS	Inconfidentes	4
MT	UFMT	Pontal do Araguaia	4
MT	UNIVAG	Várzea Grande	4
PA	UFPA	Belém	4
PE	UFPE	Recife	4
PR	UEM	Maringá	4
PR	UFPR	Curitiba	4
PR	UTFPR	Medianeira	4
PR	UEPG	Ponta Grossa	4
PR	UFFS	Laranjeiras do Sul	4
RJ	CEFET	Valença	4
RJ	UFRRJ	Seropédica	4
RJ	UFRJ	Rio de Janeiro	4
RS	Unisinos	São Leopoldo	4
RS	Unipampa	Bagé	4
SC	Unochapecó	Chapecó	4
SE	UFS	São Cristóvão	4
SP	CEUN-IMT	São Caetano do Sul	4
SP	FTT	São Bernardo do Campo	4
SP	UFSCAR	Buri	4
SP	Unesp	São José do Rio Preto	4
SP	UNITAU	Taubaté	4
SP	UNIFEB	Barretos	4

Fonte: BRASIL (2021).

3.1 ATIVIDADES EXTRACURRICULARES RELACIONADAS AO CURSO

Durante a graduação, os estudantes podem desenvolver uma série de atividades além do conteúdo programático estipulado em cada instituição, que podem compreender estágios extracurriculares, participação em empresas juniores, monitorias, pesquisa científica, projetos de extensão e outros menos populares. A participação nessas atividades auxilia no preparo do futuro engenheiro para o mercado de trabalho, inserindo-o em um contexto aplicado dos conhecimentos adquiridos na universidade.

MONITORIA

O que é: a atividade de monitoria constitui-se de tarefas extraclasse executadas por alunos que já cursaram determinada disciplina, a fim de auxiliar outros alunos nas dificuldades ocorridas em sala de aula. Em termos gerais, trata-se de uma atividade de apoio discente no processo de aprendizagem de outros alunos (LIMA; CORRÊA, 2012). Algumas das atividades desempenhadas pelo monitor podem ser: resolver e/ou elaborar questionários e/ou exercícios, apoiar o discente da disciplina da qual se é monitor, ajudar na compreensão da bibliografia básica da disciplina, entre outras (SOUZA, 2009).

Importância: a importância dessa atividade vai além da obtenção de um certificado; inclui também ganho intelectual, troca de conhecimento entre o monitor, o discente e o professor-orientador, experiência de professor amador, desenvolvimento do raciocínio, argumentação e domínio do grupo, além de ser uma fonte de renda extra, a depender da instituição de ensino (SOUZA, 2009).

INICIAÇÃO CIENTÍFICA

O que é: a iniciação científica é uma modalidade de pesquisa acadêmico-científica desempenhada por alunos de graduação nas mais diversas áreas de conhecimento. O aluno experiencia atividades em um projeto de pesquisa, elaborado e coordenado por um professor (MASSI; QUEIROZ, 2010). Ela pode ser voluntária ou remunerada, fomentada ou não por instituições públicas, como o Conselho Nacional de Desenvolvimento Científico e Tecnológico (CNPq) e agências estaduais de fomento; ou pela iniciativa privada.

Importância: a iniciação científica propicia ao aluno a possibilidade de aprofundar-se em áreas com as quais tem mais afinidade; maior contato com professores e pesquisadores; desenvolvimento do seu pensamento crítico; ganho de autonomia na tomada de decisões; treinamento coletivo; maior facilidade de falar em público; melhor desempenho nas atividades acadêmicas; maturidade intelectual, além da possibilidade de auxílio financeiro (FAVA DE MORAES; FAVA, 2000).

PROJETO DE EXTENSÃO UNIVERSITÁRIA

O que é: os projetos de extensão universitária englobam atividades interdisciplinares de cunho educativo, cultural, científico e político, integrando a universidade com a comunidade (FORPROEX, 2012). Por meio deles, os estudantes se engajam em atividades de áreas diversas com a população da região em que a universidade está instalada. É, na verdade, uma ferramenta de ligação entre a comunidade acadêmica e a sociedade. Podem, também, ser remunerados, com fomento das Pró-Reitorias de Extensão (PROEX).

Importância: o projeto de extensão universitária contribui para a troca de conhecimento entre a comunidade acadêmica e a sociedade. É uma ferramenta de inclusão social e representa uma interface de aplicação e solução de problemas do cotidiano da sociedade. É também uma ferramenta de difusão cultural, artística e esportiva.

EMPRESA JÚNIOR

O que é: em linhas gerais, as empresas juniores são organizações civis sem fins lucrativos, formadas pela união de alunos de graduação regularmente matriculados em instituições de ensino superior com o intuito de prestar serviços e realizar projetos nas suas áreas de atuação para empresas, entidades e sociedade como um todo, sob a supervisão de professores e/ou profissionais especializados (SILVA et al., 2009).

Importância: os alunos desenvolvem seu espírito crítico, criativo, empreendedor e de equipe; e aprendem a resolver problemas reais ainda na graduação, lidando diretamente com clientes, equipes de trabalho e planos estratégicos. As empresas júniores possibilitam ao estudante descobrir seus pontos fracos e tentar saná-los antes de ingressar no mercado de trabalho. Proporcionam oportunidades de aplicação prática dos conhecimentos teóricos obtidos na graduação (SILVA et al., 2009; TAKEUCHI; SENHORAS, 2016).

REFERÊNCIAS

BRASIL. MINISTÉRIO DA EDUCAÇÃO. *Cadastro Nacional de Cursos e Instituições de Educação Superior*. 2021. Disponível em: <**http://emec.mec.gov.br**>. Acesso em: 15 ago. 2021.

CAES (COLLEGE OF AGRICULTURAL & ENVIRONMENTAL SCIENCES CAES). *History*. 2017. Disponível em: <**https://foodscience.ucdavis.edu/about/history**>. Acesso em: 23 jan. 2017.

FAVA DE MORAES, F.; FAVA, M. A iniciação científica: muitas vantagens e poucos riscos. *São Paulo em Perspectiva*, v. 14, n. 1, 2000.

FORPROEX (FÓRUM DE PRÓ-REITORES DE EXTENSÃO DAS INSTITUIÇÕES PÚBLICAS DE EDUCAÇÃO SUPERIOR BRASILEIRAS). *Política Nacional de Extensão Universitária*. 2012. Disponível em: <**https://www.ufmg.br/proex/renex/images/documentos/2012-07-13-Politica-Nacional-de-Extensao.pdf**>. Acesso em: 13 jun. 2016.

INEP (INSTITUTO NACIONAL DE ESTUDOS E PESQUISAS EDUCACIONAIS ANÍSIO TEIXEIRA). *Enade*. 2015. Disponível em: <**https://www.gov.br/inep/pt-br/areas-de-atuacao/avaliacao-e-exames-educacionais/enade**>. Acesso em: 30 maio 2016.

LEVY, C. Inovação marca nascimento da FEA. *Jornal da Unicamp*, pp. 5, 3–16, 2006. Disponível em: <**http://www.unicamp.br/unicamp/unicamp_hoje/jornalPDF/ju318pg05.pdf**>. Acesso em: 10 dez. 2016.

LIMA, M. F. S.; CORRÊA, R. S. A importância da monitoria na formação acadêmica do monitor. In: ANAIS da Reunião Regional da SBPC. Oriximiná: Sociedade Brasileira para o Progresso da Ciência (SBPC), 2012. Disponível em: <**http://www.sbpcnet.org.br/livro/oriximina/resumos/94.htm**>. Acesso em: 16 jun. 2016.

MASSI, L.; QUEIROZ, S. L. Estudos sobre iniciação científica no Brasil: uma revisão. *Cadernos de Pesquisa*, v. 40, n. 139, pp. 173–197, 2010.

PRADO, G. H. C. A new food engineering elective course for chemical engineering students. *Education for Chemical Engineers*, v. 35, pp. 105–115, 2021.

REINEHR, C. O.; COLLA, L. M. Panorama da expansão dos cursos de engenharia de alimentos no Brasil. In: ANAIS do XLI Congresso Brasileiro de Educação em Engenharia. Gramado: Associação Brasileira de Educação em Engenharia (ABENGE), 2013.

SILVA, A. B. et al. A importância da empresa júnior na formação do engenheiro de produção. In: ANAIS do XXIX Encontro Nacional de Engenharia de Produção. Salvador: Associação Brasileira de Engenharia de Produção (ABEPRO), 2009. Disponível em: <**http://www.abepro.org.br/biblioteca/enegep2009_TN_STO_111_733_12872.pdf**>. Acesso em: 14 jun. 2016.

SILVEIRA JUNIOR, V.; CHANG, Y. K. *A construção do saber: a história da FEA*. Campinas, São Paulo: Faculdade de Engenharia de Alimentos da Unicamp, 2016. Disponível em: <**https://issuu.com/ascom.unicamp/docs/livrofea**>. Acesso em: 20 dez. 2016.

SOUZA, P. R. A. d. A importância da monitoria na formação de futuros professores universitários. *Âmbito Jurídico*, v. 12, n. 61, 2009. Disponível em: <**https://ambitojuridico.com.br/edicoes/revista-61/a-importancia-da-monitoria-na-formacao-de-futuros-professores-universitarios/%20#:text=O**>. Acesso em: 16 abr. 2022.

TAKEUCHI, K. P.; SENHORAS, E. M. Empresa júnior como um mecanismo de interação empresa universidade: um estudo de caso nos cursos de engenharia da Unicamp. In: ANAIS do XLI Congresso Brasileiro de Educação em Engenharia. Gramado: Associação Brasileira de Educação em Engenharia (ABENGE), 2016. Disponível em: <**http://www.abenge.org.br/publicacoes.php**>. Acesso em: 14 jun. 2016.

UNICAMP (UNIVERSIDADE ESTADUAL DE CAMPINAS). *Exposição Unicamp: FEA — Faculdade de Engenharia de Alimentos*. Disponível em: <**https://expounicamp.siarq.unicamp.br/1/unidade/24/fea%3E**>. Acesso em: 25 jan. 2017.

CAPÍTULO 4
CURSOS DE PÓS-GRADUAÇÃO NO BRASIL: CONCEITOS E PESQUISA

Com o crescimento do número de concluintes em cursos de graduação nas modalidades de licenciatura, bacharelado e tecnólogo no país – aproximadamente 1,250 milhão de formandos no ano de 2019, 2.359 deles na área de processamento de alimentos, na qual se incluem cursos de Alimentos (946), Engenharia de Alimentos (1.303), Laticínios (52), Produção de Cachaça (3) e Produção Sucroalcooleira (55), de acordo com o Censo Escolar do Inep 2019 (INEP, 2020) –, um dos caminhos naturais da carreira é a realização de uma pós-graduação.

O aperfeiçoamento constante é uma realidade imposta pelo mercado de trabalho, em que boa parte dos egressos em Engenharia de Alimentos escolhem realizar algum tipo de formação complementar, entre MBA (*Master of Business Administration*), mestrado, doutorado e especialização. As pós-graduações *lato sensu* ou especializações são bem variadas e vão desde cursos de conteúdo técnico, como fabricação de cerveja e segurança do trabalho, até cursos mais focados em áreas gerenciais, como recursos humanos, administração de produção, logística e qualidade. Os MBA são bastante frequentes, tendo destaque Administração de Empresas, Gestão de Projetos e *Supply Chain* (cadeia de suprimentos).

Dentro das pós-graduações *stricto sensu*, existem atualmente, no Brasil, três tipos de curso, que são o mestrado acadêmico, o mestrado profissional e o doutorado. A Figura 4.1 mostra resumidamente as principais diferenças entre eles. Dentro da área de Alimentos, as universidades oferecem cursos divididos em Ciência e Tecnologia de Alimentos, Alimentos e Nutrição, Ciência dos Alimentos, Engenharia de Alimentos e Tecnologia de Alimentos espalhados por mais de 40 instituições de ensino superior do Brasil.

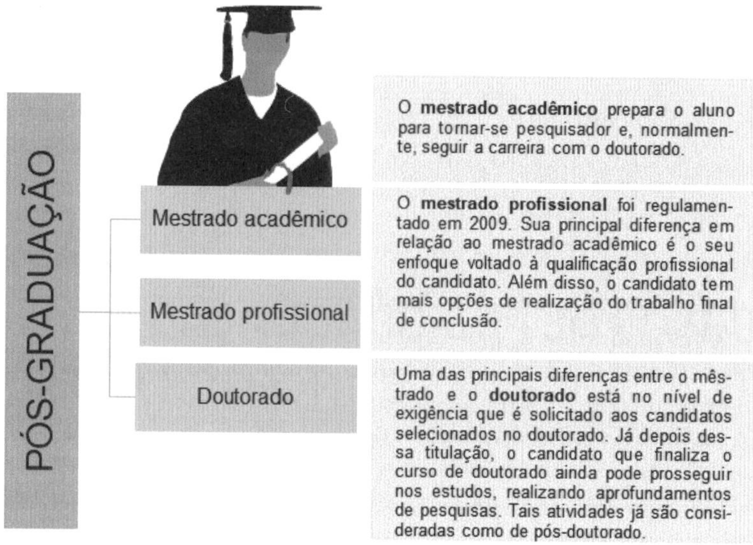

Figura 4.1 – Diferenças conceituais entre programas de pós-graduação.

Até o mês de agosto de 2021, 97 cursos de pós-graduação em Engenharia de Alimentos (e áreas correlatas, como Ciência de Alimentos, Ciência e Tecnologia de Alimentos, e outras) eram reconhecidos pelo MEC, dentre os quais, 10 programas de mestrado profissional, 17 programas de mestrado acadêmico e 35 programas de mestrado acadêmico, associados a 35 programas de doutorado acadêmico. O reconhecimento permite que eles integrem programas de fomento da Coordenação de Aperfeiçoamento de Pessoal de Nível Superior (Capes), podendo receber verbas para pesquisa e bolsas de estudos para os pós-graduandos. A distribuição dos cursos por estados está descrita na Figura 4.2.

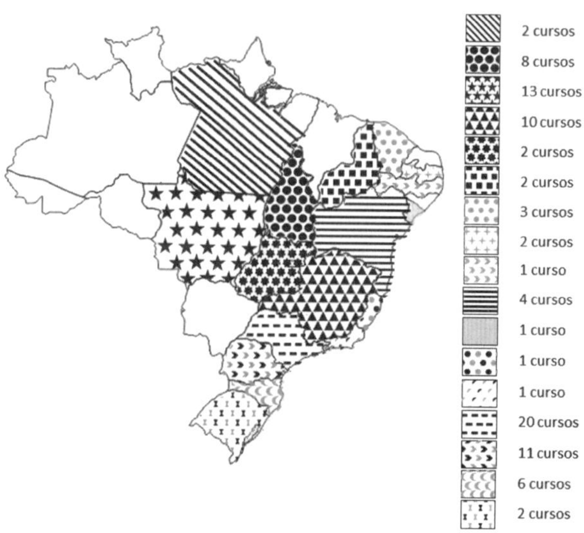

Figura 4.2 – Distribuição dos cursos de pós-graduação *stricto sensu* na grande área de Ciência de Alimentos e em áreas correlatas no Brasil.

A avaliação do sistema nacional de pós-graduação,[1] estabelecida no atual formato a partir de 1998, é um instrumento de grande importância para a concessão de auxílios, tanto por parte das agências de fomento nacionais como dos órgãos internacionais. Além do acompanhamento anual, todos os programas de pós-graduação *stricto sensu* são submetidos a uma criteriosa avaliação periódica, cujos resultados são divulgados publicamente. Essa avaliação, atualmente, é realizada a cada quatro anos. Os programas recebem notas em uma escala de 1 a 7: 1 e 2 provocam o cancelamento da autorização de funcionamento do programa e do reconhecimento dos cursos de mestrado e/ou doutorado por ele oferecidos; 3 significa desempenho regular, atendendo ao padrão mínimo de qualidade; 4 é considerado um bom desempenho; e 5 é a nota máxima para programas que oferecem apenas mestrado. Notas 6 e 7 indicam desempenho equivalente ao alto padrão internacional. O MEC, por meio do Conselho Nacional de Educação (CNE), reconhece os resultados da avaliação dos cursos novos e da avaliação periódica da Capes (CAPES, 2007). A Figura 4.3 apresenta a atual distribuição dos cursos avaliados pela Capes.

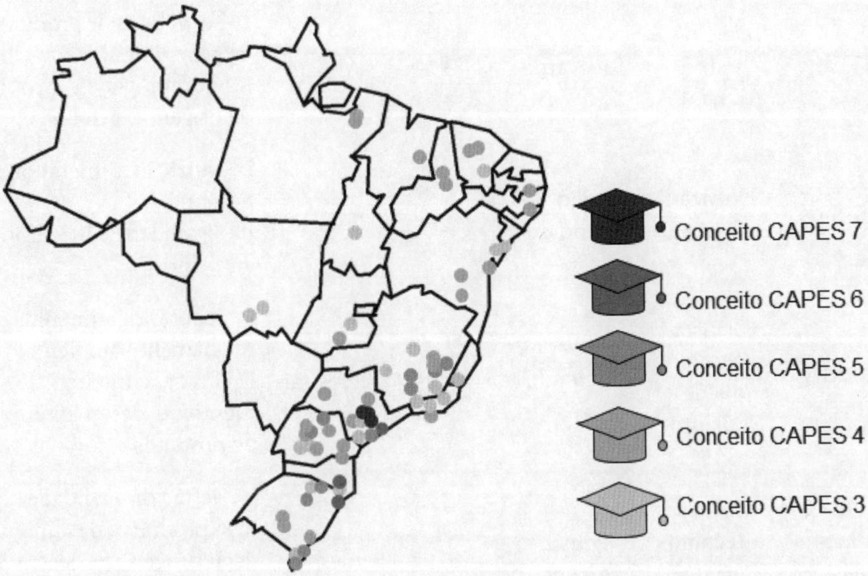

Figura 4.3 – Distribuição dos cursos de pós-graduação *stricto sensu* segundo o conceito Capes.

As Tabelas 4.1 a 4.3, a seguir, mostram os 62 cursos atualmente reconhecidos e recomendados pela Capes, além de seu conceito Capes, relativos à última avaliação quadrienal, realizada em 2017, e respectivas linhas de pesquisas. Além dessa fonte, sugere-se a consulta on-line dos programas para maior detalhamento de áreas e linhas de pesquisa.

[1]Os dados sobre a avaliação quadrienal dos cursos de pós-graduação podem ser acessados na Plataforma Sucupira, inserindo-se o período da avaliação quadrienal vigente, a Instituição de Ensino Superior, o programa e/ou a área de avaliação por meio do link **https://sucupira.capes.gov.br/sucupira/public/consultas/avaliacao/consultaFichaAvaliacao.jsf**.

Tabela 4.1 – Mestrados profissionalizantes atualmente reconhecidos pela Capes (2017)

Instituição	Programa	Cidade	Conceito Capes (2017)	Inscrições	Linhas de pesquisa
UFF	Higiene, Inspeção e Tecnologia de Alimentos de Origem Animal	Niterói	3	Anuais	i. Controle e qualidade de produtos de origem animal, higiene animal e de seus derivados ii. Processamento tecnológico de produtos de origem animal
UTFPR	Tecnologia de Alimentos	Londrina	3	Anuais	i. Ciência e tecnologia de alimentos ii. Processos tecnológicos na indústria de alimentos
IFGoiano	Tecnologia de Alimentos	Rio Verde	3	Anuais	i. Tecnologia de produtos de origem animal ii. Tecnologia de produtos de origem vegetal
Unisinos	Nutrição e Alimentos	São Leopoldo	3	Semestrais	i. Nutrição e metabolismo humano ii. Qualidade e inovação em alimentos
IFSEMG	Ciência e Tecnologia de Alimentos	Rio Pomba	3	Semestrais	i. Segurança alimentar e gerenciamento ambiental ii. Processamento de alimentos e desenvolvimento de produtos
IFSuldeminas	Ciência e Tecnologia de Alimentos	Pouso Alegre	3	Semestrais	i. Gestão da qualidade na cadeia produtiva de alimentos ii. Inovação e desenvolvimento de produtos alimentícios
UFJF	Ciência e Tecnologia do Leite e Derivados	Juiz de Fora	3	Anuais	i. Qualidade do leite e derivados ii. Novos produtos e processos iii. Gestão do agronegócio do leite e derivados.
IFTM	Ciência e Tecnologia de Alimentos	Uberaba	3	Semestrais	i. Segurança alimentar e meio ambiente ii. Desenvolvimento e tecnologia de novos produtos alimentícios

Continua na próxima página

Tabela 4.1 – Mestrados profissionalizantes atualmente reconhecidos pela Capes (2017)

Continuação da página anterior

Instituição	Programa	Cidade	Conceito Capes (2017)	Inscrições	Linhas de pesquisa
IFRJ	Ciência e Tecnologia de Alimentos	Rio de Janeiro	3	Anuais	i. Segurança de alimentos ii. Tecnologia, biotecnologia e inovação na cadeia produtiva de alimentos
UFPEL	Ciência e Tecnologia de Alimentos	Pelotas	3	Semestrais	i. Ciência e tecnologia de frutos e hortaliças ii. Ciência e tecnologia de grãos iii. Microbiologia de alimentos

Tabela 4.2 – Mestrados acadêmicos atualmente reconhecidos pela Capes (2017)

Instituição	Programa	Cidade	Conceito Capes (2017)	Linhas de pesquisa
UFRPE	Ciência e Tecnologia de Alimentos	Recife	3	i. Ciência das matérias-primas alimentícias e dos resíduos agroindustriais ii. Processamento e controle de qualidade de produtos de origem vegetal e animal
IFCE	Tecnologia de Alimentos	Limoeiro do Norte	3	i. Desenvolvimento de processos e produtos alimentares no Semiárido nordestino ii. Fisiologia e bioquímica pós-colheita de produtos regionais
UTFPR	Tecnologia de Alimentos	Campo Mourão	3	i. Ciência e tecnologia de produtos alimentícios ii. Processos tecnológicos na indústria de alimentos
UFMT	Nutrição, Alimentos e Metabolismo	Cuiabá	3	i. Alimentos e metabolismo ii. Clínica e epidemiologia aplicada à nutrição

Continua na próxima página

Tabela 4.2 – Mestrados acadêmicos atualmente reconhecidos pela Capes (2017)

Continuação da página anterior

Instituição	Programa	Cidade	Conceito Capes (2017)	Linhas de pesquisa
UEM	Engenharia de Alimentos	Maringá	3	i. Qualidade na produção animal e vegetal ii. Qualidade no processamento de derivados de animais, vegetais e resíduos iii. Funcionalidade e segurança de alimentos
UFES	Ciência e Tecnologia de Alimentos	Alegre	3	i. Ciência e tecnologia de produtos de origem vegetal ii. Ciência e tecnologia de produtos de origem animal iii. Segurança alimentar e nutrição aplicada
IFMT	Ciência e Tecnologia de Alimentos	Cuiabá	3	i. Qualidade de alimentos ii. Química e bioquímica de alimentos iii. Nutrição, alimentação e saúde
UFVJM	Ciência e Tecnologia de Alimentos	Diamantina	3	i. Química, bioquímica, microbiologia e análise sensorial de alimentos ii. Desenvolvimento de processos e produtos
FUPF	Ciência e Tecnologia de Alimentos	Passo Fundo	3	i. Processos biotecnológicos e não convencionais na produção de alimentos e ingredientes ii. Qualidade e propriedades funcionais de alimentos
Udesc	Ciência e Tecnologia de Alimentos	Pinhalzinho	3	i. Desenvolvimento e otimização de tecnologias, produtos e processos ii. Propriedades e segurança dos alimentos
UFFS	Ciência e Tecnologia de Alimentos	Laranjeiras do Sul	3	i. Processamento de alimentos e aproveitamento de subprodutos ii. Microbiologia e bioprocessos iii. Análise de alimentos e química de processos verdes. iv. Processos e modelagem matemática aplicada a alimentos
Ital	Ciência e Tecnologia de Alimentos	Campinas	3	i. Qualidade e segurança de alimentos ii. Embalagem e conservação de alimentos

Continua na próxima página

Tabela 4.2 – Mestrados acadêmicos atualmente reconhecidos pela Capes (2017)

Continuação da página anterior

Instituição	Programa	Cidade	Conceito Capes (2017)	Linhas de pesquisa
FUFSE	Ciência e Tecnologia de Alimentos	São Cristóvão	3	i. Química, bioquímica e controle de qualidade de alimentos ii. Ciência e tecnologia de carnes, pescados e derivados iii. Ciência e tecnologia de produtos agrícolas iv. Aproveitamento de resíduos agroindustriais
UFT	Ciência e Tecnologia de Alimentos	Palmas	3	i. Controle de qualidade e segurança alimentar ii. Desenvolvimento de novos produtos alimentícios
UFGD	Ciência e Tecnologia de Alimentos	Dourados	3	i. Ciência de alimentos ii. Tecnologia de alimentos
UFPB	Tecnologia Agroalimentar	João Pessoa	3	i. Qualidade de matérias-primas agroalimentares ii. Processos e tecnologia de produtos agroalimentares
UNOPAR	Ciência e Tecnologia de Leite e Derivados	Londrina	3	i. Composição e qualidade do leite ii. Tecnologia do leite e derivados

Tabela 4.3 – Cursos de doutorado atualmente reconhecidos pela Capes (2017)

Instituição	Programa	Cidade	Conceito Capes (2017)	Linhas de pesquisa
Unicamp	Engenharia de Alimentos	Campinas	7	i. Bioengenharia e biotecnologia ii. Engenharia de processos na indústria de alimentos iii. Engenharia ecológica e ecodesenvolvimento iv. Refrigeração v. Separações físicas

Continua na próxima página

Tabela 4.3 – Cursos de doutorado atualmente reconhecidos pela Capes (2017)

Continuação da página anterior

Instituição	Programa	Cidade	Conceito Capes (2017)	Linhas de pesquisa
Unicamp	Ciência de Alimentos	Campinas	7	i. Alimentos funcionais e compostos biologicamente ativos ii. Aspectos quantitativos da qualidade e segurança microbiológica dos alimentos iii. Carotenoides, antocianinas e vitaminas iv. Compostos voláteis em alimentos v. Efeito de processos térmicos sobre microrganismos vi. Enzimas e microrganismos de interesse industrial: produção de compostos por biotecnologia vii. Lipídios e colesterol: análises, fatores influentes e oxidação viii. Microrganismos responsáveis por toxinfecções alimentares ix. Segurança alimentar: aspectos químicos e toxicológicos
UFSC	Engenharia de Alimentos	Florianópolis	6	i. Transferência de calor e massa no processamento de alimentos ii. Processos de separação: extração supercrítica e separação com membranas iii. Processos biotecnológicos e cinética microbiana aplicada ao desenvolvimento de processos e produtos
UFSC	Ciência dos Alimentos	Florianópolis	6	i. Avaliação da qualidade dos alimentos ii. Inovação e desenvolvimento de novos produtos iii. Química e bioquímica de alimentos

Continua na próxima página

Tabela 4.3 – Cursos de doutorado atualmente reconhecidos pela Capes (2017)

Continuação da página anterior

Instituição	Programa	Cidade	Conceito Capes (2017)	Linhas de pesquisa
UFLA	Ciência dos Alimentos	Lavras	6	i. Aproveitamento de resíduos agrícolas e industriais ii. Avaliação física, química, bioquímica, microbiológica e sensorial de vegetais *in natura*, processados e minimamente processados (café, cereais, frutas e hortaliças) iii. Caracterização e condições de desenvolvimento de microrganismos contaminantes em alimentos
USP	Ciência dos Alimentos	São Paulo	5	i. Caracterização química e bioquímica de compostos alimentares ii. Efeitos metabólicos de nutrientes e compostos bioativos de alimentos iii. Qualidade e segurança de alimentos
Unicamp	Tecnologia de Alimentos	Campinas	5	i. Embalagem e estabilidade de alimentos ii. Tecnologia de carnes e derivados iii. Tecnologia de frutas, hortaliças bebidas, chocolates e doces iv. Tecnologias emergentes no processamento de alimentos v. Tecnologia de cereais, raízes e tubérculos vi. Tecnologia de óleos e gorduras vii. Tecnologia de leite e derivados viii. Higiene de alimentos
Unicamp	Alimentos e Nutrição	Campinas	5	i. Nutrição experimental e aplicada à tecnologia de alimentos ii. Consumo e qualidade de alimentos
UFRJ	Ciência de Alimentos	Rio de Janeiro	5	i. Bioutilização de nutrientes e compostos bioativos ii. Biotecnologia de alimentos iii. Contaminantes da cadeia alimentar iv. Química de alimentos v. Transformações da matéria-prima alimentar

Continua na próxima página

Tabela 4.3 – Cursos de doutorado atualmente reconhecidos pela Capes (2017)

Continuação da página anterior

Instituição	Programa	Cidade	Conceito Capes (2017)	Linhas de pesquisa
UFV	Ciência e Tecnologia de Alimentos	Viçosa	5	i. Química, física e bioquímica dos alimentos ii. Biotecnologia e microbiologia de alimentos iii. Controle de qualidade, análise sensorial e valor nutricional de alimentos iv. Tecnologia do processamento de alimentos, projetos agroindustriais e inovação tecnológica v. Processos na indústria de alimentos
UFPR	Engenharia de Alimentos	Curitiba	5	i. Engenharia de processos na indústria de alimentos ii. Ciência e tecnologia de processos e produtos alimentícios
UFPEL	Ciência e Tecnologia de Alimentos	Capão do Leão	5	i. Ciência e tecnologia de frutos e hortaliças ii. Ciência e tecnologia de grãos iii. Microbiologia de alimentos
Furg	Engenharia e Ciência de Alimentos	Rio Grande	5	i. Bioprocessos em alimentos ii. Valoração de recursos hidrobiológicos
UFRGS	Ciência e Tecnologia de Alimentos	Porto Alegre	5	i. Ciência e tecnologia de alimentos ii. Segurança alimentar e nutricional sustentáveis
UEM	Ciência de Alimentos	Maringá	5	i. Qualidade na produção animal e vegetal ii. Qualidade no processamento de derivados de animais, vegetais e resíduos iii. Funcionalidade e segurança de alimentos
Unesp	Engenharia e Ciência de Alimentos	São José do Rio Preto	5	i. Engenharia de processos para a indústria de alimentos ii. Propriedades físicas de materiais de origem biológica iii. Microbiologia e bioprocessos iv. Química e tecnologia de produtos alimentícios

Continua na próxima página

Tabela 4.3 – Cursos de doutorado atualmente reconhecidos pela Capes (2017)

Continuação da página anterior

Instituição	Programa	Cidade	Conceito Capes (2017)	Linhas de pesquisa
UFPA	Ciência e Tecnologia de Alimentos	Belém	4	i. Ciência e tecnologia de produtos de origem animal ii. Ciência e tecnologia de produtos de origem microbiana e enzimática iii. Ciência e tecnologia de produtos de origem vegetal
UFC	Ciência e Tecnologia de Alimentos	Fortaleza	4	i. Ciência e tecnologia de produtos de origem animal ii. Ciência e tecnologia de produtos de origem microbiana e enzimática iii. Ciência e tecnologia de produtos de origem vegetal
UFPB	Ciência e Tecnologia de Alimentos	João Pessoa	4	i. Produtos de origem animal ii. Produtos de origem vegetal iii. Compostos bioativos
UFRRJ	Ciência e Tecnologia de Alimentos	Seropédica	4	i. Alimento seguro e segurança alimentar ii. Controle de qualidade de alimentos iii. Tecnologia de alimentos
UFMG	Ciência de Alimentos	Belo Horizonte	4	i. Qualidade de alimentos ii. Química e bioquímica de alimentos iii. Nutrição, alimentação e saúde
USP/Esalq	Ciência e Tecnologia de Alimentos	Piracicaba	4	i. Biotecnologia de alimentos ii. Processamento e qualidade de alimentos iii. Segurança e qualidade dos alimentos
Unesp	Alimentos e Nutrição	Araraquara	4	i. Análise, composição e controle de qualidade de alimentos ii. Biotecnologia, bioquímica e tecnologia de alimentos
UEL	Ciências de Alimentos	Londrina	4	i. Propriedades físicas, químicas, biológicas, sensoriais e funcionais dos alimentos ii. Ciência e tecnologia de carnes e derivados iii. Segurança de alimentos iv. Propriedades físicas, químicas, biológicas, sensoriais e funcionais dos alimentos

Continua na próxima página

Tabela 4.3 – Cursos de doutorado atualmente reconhecidos pela Capes (2017)

Continuação da página anterior

Instituição	Programa	Cidade	Conceito Capes (2017)	Linhas de pesquisa
UEPG	Ciência e Tecnologia de Alimentos	Ponta Grossa	4	i. Avaliação tecnológica de matérias-primas ii. Enzimologia e tecnologia de fermentações iii. Gestão da qualidade em agroindústria
UFSM	Ciência e Tecnologia dos Alimentos	Santa Maria	4	i. Ciência e tecnologia de carnes e derivados ii. Qualidade de alimentos iii. Processamento e análise de vinhos e outras bebidas alcoólicas
URI	Engenharia de Alimentos	Erechim	4	i. Processos tecnológicos e biotecnológicos ii. Engenharia de processos na indústria de alimentos
UFG	Ciência e Tecnologia de Alimentos	Goiânia	4	i. Caracterização, aproveitamento e/ou tratamento de resíduos e/ou coprodutos agroindustriais ii. Propriedades físicas, químicas, moleculares, microbiológicas, nutricionais e funcionais de alimentos iii. Tecnologias para o aproveitamento dos recursos naturais e agropecuários disponíveis na região Centro-Oeste do Brasil
Uesb	Engenharia e Ciência de Alimentos	Itapetinga	4	i. Propriedades físicas de biomateriais ii. Desenvolvimento, análise e otimização e processos na engenharia de alimentos iii. Química e tecnologia de alimentos iv. Tecnologia de resíduos agroindustriais
UFBA	Alimentos, Nutrição e Saúde	Salvador	4	i. Alimentação, nutrição e cultura ii. Bases experimentais e clínicas da nutrição iii. Epidemiologia dos distúrbios nutricionais e políticas públicas iv. Vigilância de alimentos e saúde

Continua na próxima página

Tabela 4.3 – Cursos de doutorado atualmente reconhecidos pela Capes (2017)

Continuação da página anterior

Instituição	Programa	Cidade	Conceito Capes (2017)	Linhas de pesquisa
USP	Engenharia de Alimentos	Pirassununga	4	i. Caracterização física, química e físico-química dos alimentos ii. Engenharia de processos da indústria de alimentos iii. Processos biotecnológicos e microbiologia aplicados à indústria de alimentos iv. Química de processamento industrial de alimentos
FUFPI	Alimentos e Nutrição	TeresiNa	4	i. Diagnóstico e intervenção nutricional em indivíduo e coletividade ii. Qualidade dos alimentos e nutrição
Unirio	Alimentos e Nutrição	Rio de Janeiro	4	i. Processamento e qualidade em alimentos ii. Alimentos funcionais
UFPEL	Nutrição e Alimentos	Pelotas	4	i. Análise e controle de qualidade de alimentos ii. Nutrição experimental, clínica e epidemiológica
UFBA	Ciência de Alimentos	Salvador	4	i. Controle de qualidade de alimentos ii. Inovação e desenvolvimento de produtos e processos

Para proteger e promover a pesquisa científica em todas as universidades e instituições citadas, diversos órgãos ligados ao Ministério da Ciência e Tecnologia e secretarias estaduais fornecem apoio financeiro para pesquisadores e cientistas brasileiros. As principais unidades de pesquisa relacionadas ao Ministério da Educação são:

- Ministério da Educação;
- Instituto Brasileiro de Informação em Ciência e Tecnologia;
- Centro de Tecnologia Mineral;
- Instituto de Matemática Pura e Aplicada;
- Laboratório Nacional de Astrofísica;
- Laboratório Nacional de Computação Científica;
- Museu de Astronomia e Ciências Afins;

- Observatório Nacional;
- Museu Paraense Emílio Goeldi.

Entre as principais fundações de amparo à pesquisa estão o CNPq, a Capes e as Fundações de Amparo à Pesquisa Estaduais (FAP).

O CNPq oferece bolsas aos alunos de ensino médio, graduação e pós-graduação, e a recém-doutores e pesquisadores já experientes. Cabe ao CNPq promover o desenvolvimento científico e tecnológico e executar pesquisas, ações necessárias ao progresso social, econômico e cultural do país. Para o cumprimento de sua missão, ele realiza três atividades básicas: fomento, execução de pesquisa e informação e difusão de ciência e tecnologia.

A Capes trabalha para a expansão e a consolidação da pós-graduação *stricto sensu* (mestrado e doutorado) em todos os estados, atuando em várias frentes e diversificando apoios e programas. Existe hoje uma extensa rede de atividades acadêmico-universitárias coordenadas pela instituição.

A Financiadora de Estudos e Projetos (Finep) concede financiamentos reembolsáveis e não reembolsáveis a instituições de pesquisa e empresas brasileiras. O apoio da Finep abrange todas as etapas e dimensões do ciclo de desenvolvimento científico e tecnológico: pesquisa básica, pesquisa aplicada, inovações e desenvolvimento de produtos, serviços e processos.

As FAP, que estão presentes em 25 das 27 unidades federativas, estão ligadas aos respectivos governos estaduais. As entidades atuam em quatro eixos principais. O primeiro é a pesquisa, ou seja, o financiamento de projetos em todas as áreas do conhecimento; o segundo é a formação de pesquisadores, por meio da concessão de bolsas em todos os níveis de formação; o terceiro é a inovação, incentivada por meio de programas e editais que associam pesquisadores e empresas; e o último é a divulgação, ou seja, a difusão para a sociedade dos resultados alcançados por esses trabalhos. As FAP de cada unidade federativa do Brasil são apresentadas na Tabela 4.4

Tabela 4.4 – Fundações de amparo distribuídas pelo Brasil

Estado	Fundação de Amparo	Site
Acre	Fundação de Amparo à Pesquisa do Estado do Acre	**fapac.acre.gov.br**
Alagoas	Fundação de Amparo à Pesquisa do Estado de Alagoas	**www.fapeal.br**
Amapá	Fundação de Amparo à Pesquisa do Amapá	**fapeap.portal.ap.gov.br**

Continua na próxima página

Tabela 4.4 – Fundações de amparo distribuídas pelo Brasil

Continuação da página anterior

Estado	Fundação de Amparo	Site
Amazonas	Fundação de Amparo à Pesquisa do Estado do Amazonas	**www.fapeam.am.gov.br**
Bahia	Fundação de Amparo à Pesquisa do Estado da Bahia	**www.fapesb.ba.gov.br**
Ceará	Fundação Cearense de Apoio ao Desenvolvimento Científico e Tecnológico	**www.funcap.ce.gov.br**
Espírito Santo	Fundação de Amparo à Pesquisa e Inovação do Espírito Santo	**www.fapes.es.gov.br**
Goiás	Fundação de Amparo à Pesquisa do Estado de Goiás	**www.fapeg.go.gov.br**
Maranhão	Fundação de Amparo à Pesquisa e ao Desenvolvimento Científico e Tecnológico do Maranhão	**www.fapema.br**
Mato Grosso	Fundação de Amparo à Pesquisa do Estado de Mato Grosso	**www.fapemat.mt.gov.br**
Mato Grosso do Sul	Fundação de Apoio ao Desenvolvimento do Ensino, Ciência e Tecnologia do Estado de Mato Grosso do Sul	**www.fundect.ms.gov.br**
Minas Gerais	Fundação de Amparo à Pesquisa do Estado de Minas Gerais	**www.fapemig.br**
Pará	Fundação Amazônia de Amparo a Estudos e Pesquisas	**www.fapespa.pa.gov.br**
Paraíba	Fundação de Apoio à Pesquisa do Estado da Paraíba	**www.fapesq.rpp.br**
Paraná	Fundação Araucária — Apoio ao Desenvolvimento Científico e Tecnológico do Paraná	**www.fappr.pr.gov.br**

Continua na próxima página

Tabela 4.4 – Fundações de amparo distribuídas pelo Brasil

Continuação da página anterior

Estado	Fundação de Amparo	Site
Pernambuco	Fundação de Amparo à Ciência e Tecnologia do Estado de Pernambuco	**www.facepe.br**
Piauí	Fundação de Amparo à Pesquisa do Estado do Piauí	**www.fapepi.pi.gov.br**
Rio de Janeiro	Fundação Carlos Chagas Filho de Amparo à Pesquisa do Estado do Rio de Janeiro	**www.faperj.br**
Rio Grande do Norte	Fundação de Apoio à Pesquisa do Rio Grande do Norte	**www.fapern.rn.gov.br**
Rio Grande do Sul	Fundação de Amparo à Pesquisa do Estado do Rio Grande do Sul	**www.fapergs.rs.gov.br**
Rondônia	Fundação de Amparo ao Desenvolvimento das Ações Científicas e Tecnológicas e à Pesquisa	**rondonia.ro.gov.br/fapero/**
Santa Catarina	Fundação de Amparo à Pesquisa e Inovação do Estado de Santa Catarina	**www.fapesc.sc.gov.br**
São Paulo	Fundação de Amparo à Pesquisa do Estado de São Paulo	**www.fapesp.br**
Sergipe	Fundação de Apoio à pesquisa e à Inovação Tecnológica do Estado de Sergipe	**www.fapitec.se.gov.br**
Tocantins	Fundação de Apoio Científico e Tecnológico do Tocantins	**www.fapto.org.br**

Além do apoio financeiro, os pós-graduandos necessitam de fontes sólidas e respeitadas para embasar as pesquisas. Para isso, estão disponíveis diversos repositórios on-line, que permitem a busca por informação técnica e científica de qualidade.

As fontes de informação vêm crescendo exponencialmente, alavancadas pelas tecnologias e pela proliferação da pesquisa em ciência e tecnologia. Recursos para armazenamento, organização, busca e recuperação de informação surgem, abrindo um leque de opções de pesquisa bibliográfica. Essa profusão de informações é benéfica, porém, pode tornar-se um problema no caso de informações sem credibilidade ou irrelevantes para fins acadêmicos ou científicos. Esses resultados poderiam impactar diretamente a qualidade do trabalho do pesquisador.

Os repositórios institucionais, ou seja, as principais fontes de informação científica disponíveis em meio eletrônico, atualmente têm se destacado e tornaram-se um auxiliar da comunicação cientifica, pois armazenam e promovem a produção científica e sua divulgação de maneira confiável. A Figura 4.4 resume alguns dos principais repositórios na área de alimentos.

De maneira simplificada, bases de dados científicas são um local onde se encontram centenas de revistas científicas e os seus respectivos artigos, sem a necessidade de navegação por diversos sites. É importante lembrar que todas as publicações disponíveis em bases de dados têm qualidade e originalidade, graças a criteriosos processos de seleção. Algumas bases oferecem o texto completo dos artigos, enquanto outras são bases de dados referenciais, ou seja, somente indicam a existência do artigo, seu resumo e em qual revista ele pode ser encontrado.

Segundo Cunha (2001), os periódicos científicos eletrônicos são publicações editadas com um determinado intervalo de tempo. Podem ser acessados em formato digital, o que permite agilidade na disponibilidade das publicações, possibilitando maior interação entre o leitor, o periódico e o autor. Periódicos oferecem diferentes formatos de download e visualização do artigo, e instituições credenciadas ao Portal de Periódicos da Capes têm acesso gratuito a um acervo de, aproximadamente, 45 mil títulos com texto completo, 130 bases referenciais, doze bases de patentes, livros, enciclopédias e obras de referência, normas técnicas, estatísticas e conteúdo audiovisual.

As bibliotecas digitais de teses e dissertações são outro meio bastante utilizado pela comunidade científica para a realização de suas pesquisas. Ainda de acordo com Cunha (2001), as bibliotecas digitais são coleções de documentos eminentemente digitais, englobando tanto trabalhos criados na forma digital como digitalizados a partir de documentos impressos, e permitem, por meio do uso de redes de computadores, compartilhar informações instantânea e facilmente. É importante salientar que as bibliotecas digitais de teses e dissertações dispõem de trabalhos relativos aos cursos de pós-graduação *stricto senso*.

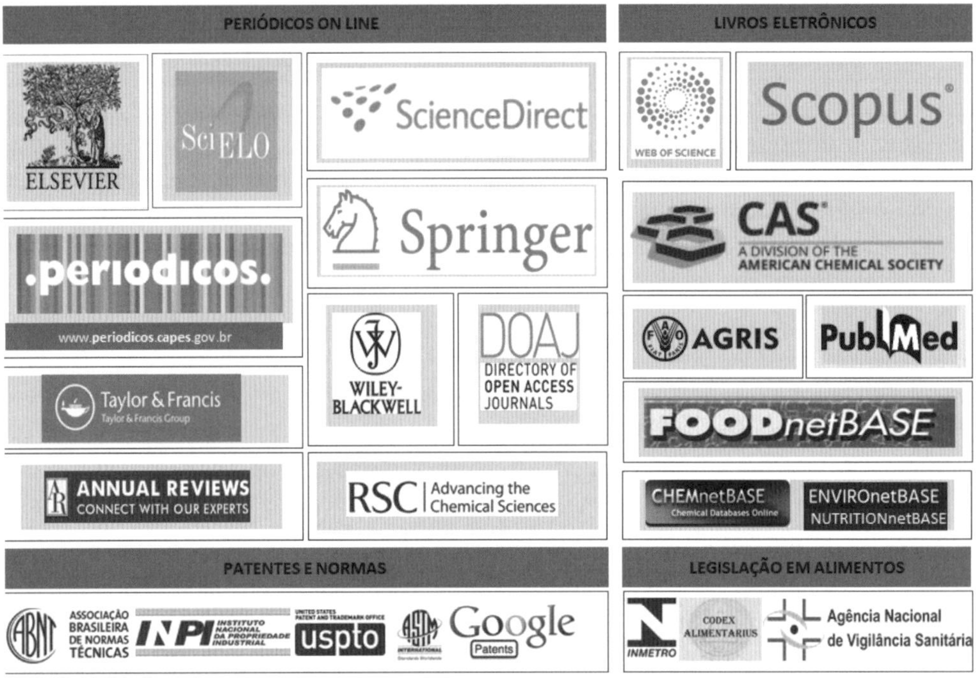

Figura 4.4 – Principais repositórios na área de alimentos.

REFERÊNCIAS

BRASIL. MINISTÉRIO DA CIÊNCIA, TECNOLOGIA E INOVAÇÕES. *CNPq, Conselho Nacional de Desenvolvimento Científico e Tecnológico*. Disponível em: <**www.cnpq.br**>.

CAPES (COORDENAÇÃO DE APERFEIÇOAMENTO DE PESSOAL DE NÍVEL SUPERIOR). *Para que serve a avaliação da Blucher Capes*. 2007. Disponível em: <**https://www.gov.br/capes/pt-br/centrais-de-conteudo/Artigo_18_07_07.pdf**>. Acesso em: 17 fev. 2022.

CUNHA, M. B. *Para saber mais: fontes de informação em ciência e tecnologia*. Brasília: Briquet de Lemos/Livros, 2001.

INEP (INSTITUTO NACIONAL DE ESTUDOS E PESQUISAS EDUCACIONAIS ANÍSIO TEIXEIRA). *Sinopses Estatísticas da Educação Superior 2019*. Brasília: Inep, 2020. Disponível em: <**https://www.gov.br/inep/pt-br/acesso-a-informacao/dados-abertos/sinopses-estatisticas/educacao-superior-graduacao**>. Acesso em: 6 ago. 2021.

CAPÍTULO 5

A INDÚSTRIA DE ALIMENTOS E BEBIDAS NO BRASIL: MERCADO E AS PRINCIPAIS EMPRESAS DO SETOR

O Brasil é o maior país da América do Sul e o quinto maior do mundo em extensão territorial, com uma área total de 8.510.345,538 km^2, cerca de 92 vezes o território de Portugal, por exemplo. Com uma população estimada em 213 milhões de habitantes (IBGE, 2021), o país é, hoje, um dos maiores mercados consumidores do mundo, com um potencial de crescimento muito significativo. Além disso, o Brasil é considerado a primeira economia da América Latina e a nona maior economia emergente do mundo, com um PIB (Produto Interno Bruto) de R$ 7,50 trilhões (IBGE, 2022).

Dentre os setores que movimentam a economia brasileira, o de alimentos e bebidas é tido como um dos mercados mais dinâmicos, capaz de impactar significativamente o PIB e as oscilações de juros e inflação do país. Recentemente, observa-se ainda a tendência global de consolidação do setor, seguida por um grande estímulo ao investimento em aquisições e fusões (BNDES, 2020). A Tabela 5.1 mostra o mapeamento e as perspectivas de crescimento do investimento em diversos setores da indústria brasileira entre 2018 e 2021, estando o setor alimentício em terceiro lugar, com investimentos previstos de, aproximadamente, R$ 38,10 bilhões.

Tabela 5.1 – Perspectivas de investimento para o período de 2018-2021

Setor	Realizado 2017	Perspectiva: 2018 a 2021		Crescimento 2018 a 2021 (% a.a.)
		Sobre	Média anual	
Extrativa mineral	13,8	60,5	15,1	3,7
Petróleo e gás	57,9	291,4	72,8	9,4
Alimentos	8,9	38,1	9,5	2,8
Bebidas	2,3	11,2	2,8	8,0
Papel e celulose	7,7	21,1	5,3	14,8
Biocombustíveis	2,7	11,5	2,9	2,7
Química	2,7	14,6	3,7	13,2
Siderurgia	2,3	15,3	3,8	22,3
Complexo eletroeletrônico	4,1	21,0	5,3	10,5
Complexo ind. saúde	5,0	20,4	5,1	1,1
Automotivo	6,8	24,6	6,1	3,9
Aeroespacial	2,8	10,2	2,5	4,2
Indústria	116,8	539,9	135,0	5,9
Energia elétrica	61,1	160,3	40,1	16,2
Telecomunicações	28,0	121,0	30,2	3,1
Logística	28,3	156,3	39,1	13,3
• Rodovias	14,4	80,7	20,2	14,0
• Ferrovias	7,8	39,3	9,8	9,3
• Portos	1,3	18,0	4,5	54,7
• Aeroportos	1,5	8,0	2,0	10,6
• Mobilidade urbana	3,2	10,3	2,6	8,7
Saneamento	11,4	52,5	13,1	5,8
Infraestrutura	128,8	490,1	122,5	2,0
Total	245,7	1.030,0	257,5	1,9

Fonte: BNDES (2020).

A indústria brasileira da alimentação, representada pela ABIA, é extremamente dinâmica e teve, no ano de 2018, a indústria de carnes e derivados como seu ponto mais forte em termos de faturamento (R$ 145,30 bilhões, em 2018), seguida pelo setor de laticínios (R$ 68,70 bilhões) e café, chás e cereais (R$ 67,20 bilhões) (ABIA, 2022b). Em 2019, as vendas no setor de carnes apresentaram aumento de 11,1%; derivados de cereais, chá e café, 5,6%; desidratados e supergelados (pratos prontos e semiprontos congelados e alimentos desidratados), 4,9%; e o grupo de diversos (molhos, temperos e condimentos, sorvetes e salgadinhos), 3,4%. Em contrapartida, as categorias com maior declínio nas vendas reais foram o setor de açúcar, 10,8%; óleos e gorduras, 4,7%; e derivados de frutas e vegetais, com 4,1% (ABIA, 2022a).

Em termos gerais, a indústria de alimentos e bebidas alcançou, no ano de 2021, um superávit de US$ 39,00 bilhões, o correspondente a 10,6% do PIB e a 63,7% do saldo geral da balança comercial brasileira, demonstrando o forte impacto do setor na economia do país (ABIA, 2022b, 2022a). Na Figura 5.1, pode-se observar o faturamento líquido dos principais setores da indústria alimentícia, ressaltando-se o crescimento das receitas líquidas mesmo com a desaceleração da economia nacional nos últimos anos, devido à crise histórica, tanto econômica quanto política, em que o país mergulhou (ABIA, 2022b).

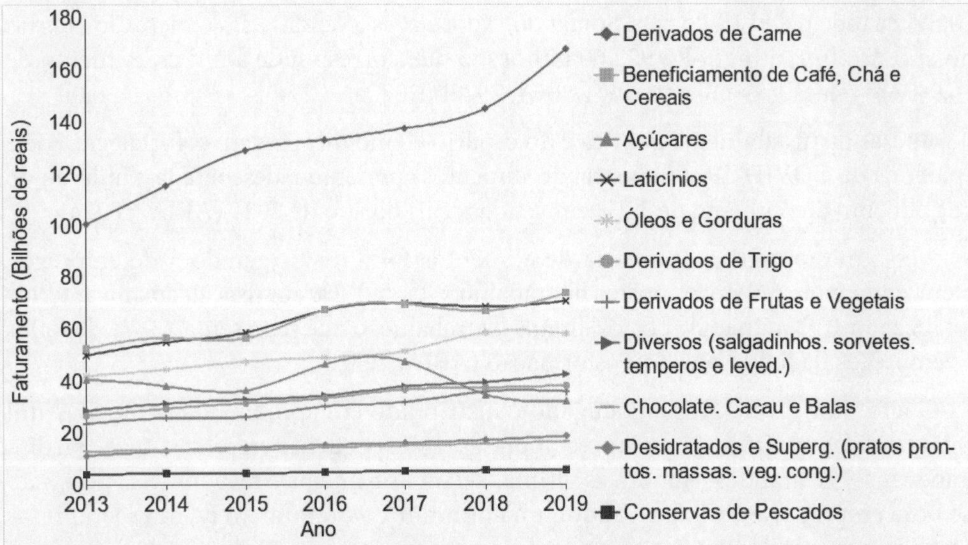

Figura 5.1 – Faturamento líquido dos principais setores da indústria alimentícia. Fonte: ABIA (2022b, adaptado).

O setor alimentício tem aumentado o seu faturamento, com um crescimento, em menos de dez anos, de aproximadamente 204% na produção de gêneros alimentares e de 244% na produção de bebidas, como apresentado na Figura 5.2 (ABIA, 2022b).

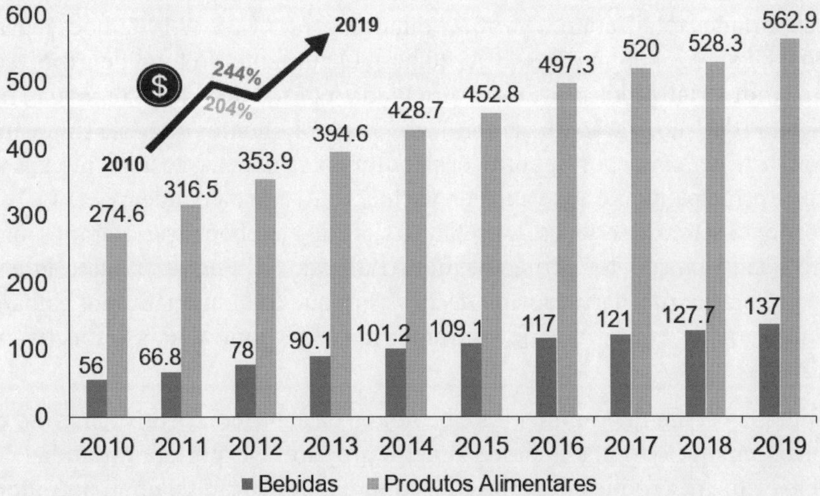

Figura 5.2 – Faturamento líquido da produção industrial de produtos alimentares e bebidas (em bilhões de reais). Fonte: ABIA (2022b, adaptado).

5.1 PRINCIPAIS INDICADORES DA INDÚSTRIA DE ALIMENTOS E BEBIDAS

O setor de alimentos e bebidas é o maior e mais importante da indústria de transformação brasileira e, por isso, um dos mais representativos para a economia do Brasil, processando 58% de tudo o que é produzido no setor agropecuário e representando 10,6% de todo o do PIB do país. Somando exportações e vendas para o mercado interno, no ano de 2021, atingiu R$ 922,60 bilhões, o que corresponde a um crescimento de 16,9% em relação ao ano anterior (ABIA, 2022b, 2022a, 2022c).

Apesar da instabilidade política e do cenário econômico negativo, fortalecido pela epidemia da COVID-19, a indústria de alimentos apresentou, descontada a inflação do período, um crescimento de 3,2% em vendas reais no ano de 2021 (ABIA, 2022a).

Nesse mesmo ano, a indústria de alimentos foi a maior geradora de empregos, oferecendo vinte mil novos postos de trabalho, alta de 1,2% em relação ao ano anterior, totalizando 1,72 milhão de postos diretos de trabalho, o que representa 23,7% de todos os empregos da indústria de transformação (ABIA, 2022c).

O alto número de pessoal ocupado é distribuído em aproximadamente 37,2 mil empresas, das quais 75,4% são microempresas, 18%, pequenas empresas, 4,9%, médias e apenas 1,7%, grandes, embora as últimas sejam as principais responsáveis pela mão de obra empregada. Ressalta-se aqui uma diminuição do número de microempresas e um crescimento das médias e grandes empresas em comparação ao ano anterior, o que pode mostrar uma evolução das empresas do setor por meio de uma elevação em seu faturamento anual (ABIA, 2021b). Ainda nesse âmbito, um levantamento realizado em 2019 pela consultoria Austin mostrou que, das 1.500 maiores empresas do Brasil (com base na receita líquida auferida em 2018), 113 eram do setor de alimentos e bebidas (O ESTADO DE S. PAULO, 2020), totalizando 7,5% do total.

Em termos produtivos, atualmente, o Brasil ocupa a segunda posição como maior exportador de alimentos do mundo, em volume. No ano de 2021, os alimentos industrializados exportados totalizaram US$ 45,24 bilhões, contra US$ 38,12 bilhões registrados em 2020 e US$ 34,25, em 2019 (ABIA, 2022a). O aumento do total de exportação de alimentos industrializados pode estar vinculado à perda de valor da moeda real ante à estrangeira (desvalorização do câmbio), aos desdobramentos da peste suína africana, que gerou forte demanda por importações de alimentos na Ásia, ao aumento nas vendas de açúcar e principalmente ao avanço da vacinação diante da pandemia da COVID-19 e ao retorno do setor de serviços. Entretanto, tais fatos também acarretaram uma inversão entre a contribuição dos alimentos industrializados e *in natura* no faturamento do *agrobusiness* brasileiro a partir do ano de 2017, em que os industrializados tinham uma contribuição maior em termos de faturamento (38,89 contra 36,9, respectivamente) (ABIA, 2021a).

A indústria brasileira de alimentos e bebidas é bastante competitiva, mesmo em termos globais, em que se destaca como primeiro produtor e exportador mundial de suco de laranja, primeiro produtor e exportador mundial de açúcar, segundo produtor e primeiro exportador mundial de carne bovina e de aves, segundo exportador mundial de café solúvel, segundo produtor mundial de bombons e doces, terceiro exportador e produtor mundial de óleo de soja, quarto exportador e produtor mundial de carne suína e segundo exportador mundial de alimentos processados em volume (ABIA, 2021e), dados que são de grande importância para caracterizar a grande representatividade desse setor industrial para a economia do país.

A Figura 5.3 resume alguns dos principais indicadores da indústria de alimentos e sua representatividade para o Brasil, referentes ao ano de 2020.

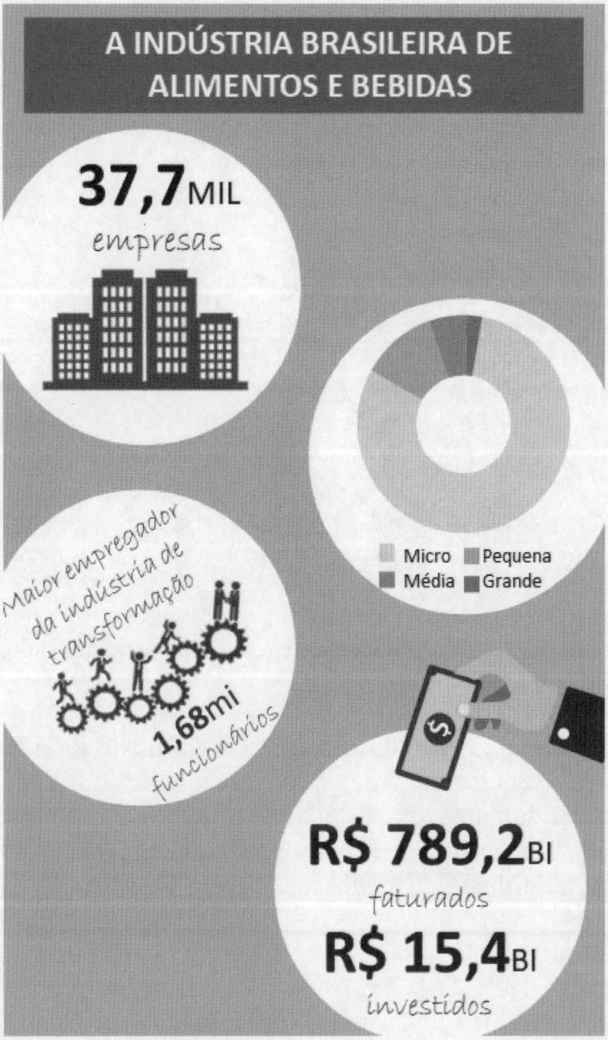

Figura 5.3 – Números da indústria de alimentos no Brasil em 2021. Fonte: ABIA (2022a,b, adaptado).

5.2 MAIORES EMPRESAS DO SETOR DE ALIMENTOS NO MUNDO

A indústria global de agricultura e alimentos totalizou, em 2020, segundo estimativas da Plunkett Research, cerca de US$ 9,00 trilhões, representando mais de 10% do PIB mundial, em que se destacam as exportações de alimentos, com uma cifra de US$ 1,00,5 trilhão (PLUNKET RESEARCH, 2021). Apesar da economia lenta e da queda dos preços de alimentos e bebidas experimentados por alguns dos principais mercados nos últimos anos, a indústria global de alimentos e bebidas está crescendo em um ritmo constante, liderada por algumas das maiores empresas de alimentos e bebidas do mundo. Essas empresas dominam os setores de refrigerantes, doces, cereais, produtos lácteos, entre outros, sendo responsáveis pela grande maioria das marcas conhecidas do mercado. Dentre elas, a gigante suíça de alimentos Nestlé ocupou, em 2020, o primeiro lugar como a maior empresa de alimentos do mundo, seguida pelos fabricantes americanas de bebidas PepsiCo e Coca-Cola (FORBES, 2021). Ressalta-se que a Nestlé mantém, há quase 5 anos consecutivos, o posto de maior empresa de alimentos do mundo (considerando-se receitas e outras métricas). É importante destacar que as três citadas e outras possuem filiais no Brasil, como mostra a Figura 5.4.

Figura 5.4 – Distribuição das filiais das maiores empresas alimentícias multinacionais instaladas no país.

Considerando a relevância da indústria de alimentos no dia a dia da população e do seu papel na geração de empregos e de capital na economia, uma breve apresentação das maiores empresas de alimentos e bebidas do mundo, com plantas em operação no Brasil, é apresentada na sequência. Além disso, destacam-se as oportunidades oferecidas por essas empresas para alunos de graduação e recém-formados.

NESTLÉ

De origem suíça, a Nestlé é uma empresa de alimentos e bebidas que opera em 191 países. O seu portfólio de produtos é dividido em bebidas líquidas e em pó, nutrição, ciências da saúde, produtos lácteos e sorvetes, bem como cuidados para animais de estimação, auxiliares de cozinha, confeitaria e água (NESTLÉ, 2020a).

Até o ano de 2020, aproximadamente 150 anos após sua fundação, a Nestlé possuía 403 fábricas espalhadas por todos os continentes, que empregam cerca de 291 mil trabalhadores, responsáveis por um lucro líquido de 12,6 bilhões de francos suíços (NESTLÉ, 2021).

No Brasil, a primeira fábrica da Nestlé foi inaugurada em 1921, na cidade de Araras-SP, para a produção do leite condensado *Milkmaid*, atualmente muito conhecido e difundido por todo o país como *Leite Moça*. Ainda operante, essa unidade conta com cerca de dois mil colaboradores (INVESTSP, 2018). Atualmente, é uma empresa muito reconhecida no mercado brasileiro por meio de diversas marcas, como Kitkat Chocolatory®, Nesfit®, Ninho®, Nescau® Nescafé®, Maggi®, Moça®, e Molico® (NESTLÉ, 2020a). Além da fábrica em Araras, até o ano de 2019, outras nove unidades industriais e seis centros de distribuição estavam espalhados pelo Brasil, como apresentado na Figura 5.5.

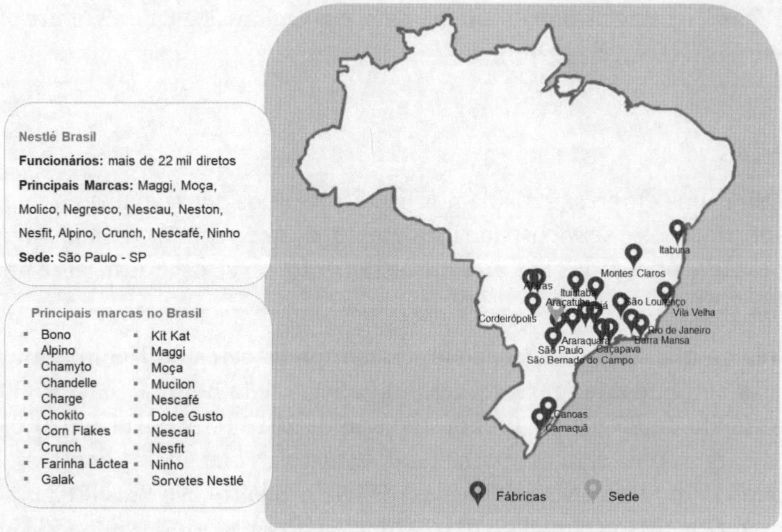

Figura 5.5 – Distribuição das plantas industriais da Nestlé no Brasil.

Quadro 5.1 – Distribuição das plantas industriais da Nestlé no Brasil.

Unidades Fabricantes de Produtos Terminados			Unidades Fabricantes de Produtos Semiterminados
NESTLÉ BRASIL	GAROTO	NESTLÉ WATERS	NESTLÉ BRASIL
Bahia Feira de Santana **Minas Gerais** Montes Claros, Ibiá, Ituiutaba **Rio de Janeiro** Jacarepaguá, Três Rios **São Paulo** Araçatuba, Araraquara, Araras, Caçapava Marília, Ribeirão Preto, São José do Rio Pardo **Rio Grande do Sul** Carazinho **Goiás** Goiânia	**Espírito Santo** Vila Velha DPA **Pernambuco** Garanhuns **São Paulo** Araras CPW **São Paulo** Caçapava	**Minas Gerais** São Lourenço **Rio de Janeiro** Petrópolis **São Paulo** Águas de Santa Bárbara, Perus	**Minas Gerais** Teófilo Otoni Jataí **Rio Grande do Sul** Palmeira das Missões Fábricas Multiplanas NESTLÉ BRASIL **São Paulo** Araçatuba, Araraquara, Araras

A empresa conta com um programa global que visa a contratar estagiários e aprendizes, conhecido como Nestlé Iniciativa pelos Jovens. No Brasil, dispõe do Programa de Estágio Nestlé, que fica aberto durante todo o ano, oferecendo oportunidades para aqueles que cursam entre o terceiro e o penúltimo semestre de faculdade. O processo conta com cinco etapas, que incluem a inscrição on-line, um teste on-line de inglês, a avaliação presencial ou via Skype, a avaliação presencial com o gestor da área e, caso se atinja o objetivo da vaga, o processo de contratação. Ao entrar no Programa de Estágio da Nestlé Brasil, o estagiário realiza o *job rotation* durante doze meses, entre diferentes áreas e divisões (NESTLÉ, 2020b).

CARGILL

A Cargill é uma empresa sediada nos Estados Unidos que trabalha com um amplo portfólio de produtos e serviços, que incluem nutrição e proteína animal, ingredientes e aplicações alimentares, originação e processamento, serviços industriais e financeiros (CARGILL, 2020a).

Fundada há mais de 150 anos, a empresa emprega cerca de 155 mil funcionários nos 70 países em que está presente, gerando uma receita líquida de R$ 47,00 bilhões e lucro estimado de R$ 680,00 milhões no ano de 2018 (CARGILL, 2020b). Em seu portfólio a Cargill conta com as marcas Liza®, Pomarola®, Elefante®, Tarantella®, Mazola®, Extratomato®, Pomodoro®, Maria®, Purilev®, Olívia®e Veleiro®. No Brasil (Figura 5.6), em 2018, a empresa registrou o total de 10.029 funcionários próprios, sendo 353 aprendizes, 86 estagiários e o restante distribuído entre funcionários e *trainees.*

A empresa dispõe do Programa de Estágio Cargill, que tem duração de seis a doze meses. O processo seletivo engloba cinco etapas: inscrição, *assessments* on-line, dinâmica de grupo on-line, painel presencial e entrevista final. Caso o candidato à vaga seja aceito, o estagiário é acompanhado durante todo o Programa por um gestor e passa por diversos treinamentos on-line. Caso o desempenho do estagiário seja satisfatório, há possibilidade de prorrogação do Programa por mais doze meses (CARGILL, 2020c).

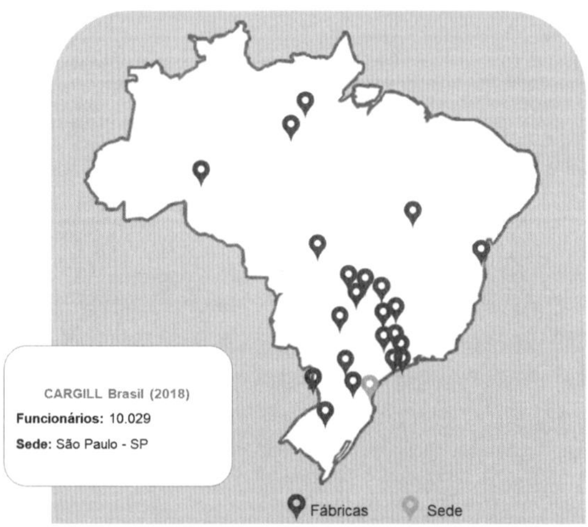

Figura 5.6 – Distribuição das plantas industriais da Cargill no Brasil.

Quadro 5.2 – Distribuição das plantas industriais da Cargill no Brasil.

Soja	Foods	Açúcar e Etanol
Minas Gerais	**São Paulo**	**São Paulo**
Uberlândia	Marinque	Guarujá, Patrocínio Paulista
Paraná	**Goiás**	**Goiás**
Ponta Grossa	Goiânica, Itumbiara	Quirinópolis
Mato Grosso do Sul		Cachoeira Dourada
Três Lagoas	**Amidos e Adoçantes**	**Cacau e Chocolate**
Bahia	**Minas Gerais**	**Bahia**
Barreiras	Uberlândia	Ilhéus
Goiás	**São Paulo**	**São Paulo**
Rio Verde	Porto Ferreira	Porto Ferreira
Mato Grosso	**Paraná**	
Primavera do Leste	Castro	
Soja — Terminais	**Centro de Inovação América Latina**	**Especialidades Industriais**
São Paulo	**São Paulo**	**São Paulo**
Guarujá	Campinas	Marinque
Pará	**Nutrição Animal**	**Paraná**
Miritituba	**São Paulo**	Ponta Grossa
Paraná	Itapira	**Minas Gerais**
Paranaguá	**Santa Catarina**	Uberlândia
Pará	Chapecó	**Escritório Central Brasil**
Santarém	**Paraná**	**São Paulo**
Rondônia	Toledo	São Paulo
Porto Velho	**Goiás**	
	Goianira	

PEPSICO

PepsiCo é uma empresa de alimentos e bebidas detentora de 23 marcas comercializadas em mais de 200 países e territórios em todo o mundo, as quais foram responsáveis por gerar aproximadamente de US$ 70,00 bilhões em receita líquida em 2020 (PEPSICO, 2021c).

Sediada nos Estados Unidos, a Pepsi, empresa de refrigerantes, fundiu-se com a produtora de lanches Frito-Lay, em 1965, para formar a PepsiCo. Ao longo da década de 1970, a PepsiCo adquiriu outras empresas de alimentos pré-processados. Durante a década de 1990, entrou no setor de restaurantes, comprando (e posteriormente vendendo) cadeias de restaurantes, como Pizza Hut e KFC (PEPSICO, 2021c).

Instalada no Brasil desde 1953, a PepsiCo atua no mercado por meio de marcas reconhecidas, como Cheetos®, Doritos®, Fandangos®, Fofura® (*snacks*), Lucky®, Ruffles®, Torcida®, Eqlibri®, Mabel® (biscoitos), Drinkfinity® (sistema de bebidas portátil e pessoal), Elma Chips® (pipoca, amendoins, *snacks* à base de trigo), Kero Coco® e Trop Coco® (água de coco), Gatorade® (bebidas esportivas), H2OH!®, Mountain Dew® e Pepsi-Cola® (bebidas com gás), Lipton® Ice Tea (chá pronto, em parceria com a Unilever), Mágico® (achocolatado em pó), Quaker® (cereais, barras de cereais e biscoitos), Toddy® (achocolatado em pó, achocolatado pronto para beber e biscoitos) e Toddynho® (achocolatado pronto para beber) (PEPSICO, 2021a). Tais produtos são distribuídos em 100 filiais de vendas e centros de distribuição e produzidos em mais de dez fábricas (Figura 5.7), empregando cerca de dez mil funcionários.

A empresa disponibiliza vagas para novos talentos por meio de programas de estágio (First Gen) e *trainee* (Next Gen), e em ambos os casos há possibilidade se trabalhar em diferentes áreas da empresa. Os ingressos nos programas ocorrem em janeiro e agosto para o estágio, e apenas em janeiro para o *trainee* (PEPSICO, 2021b).

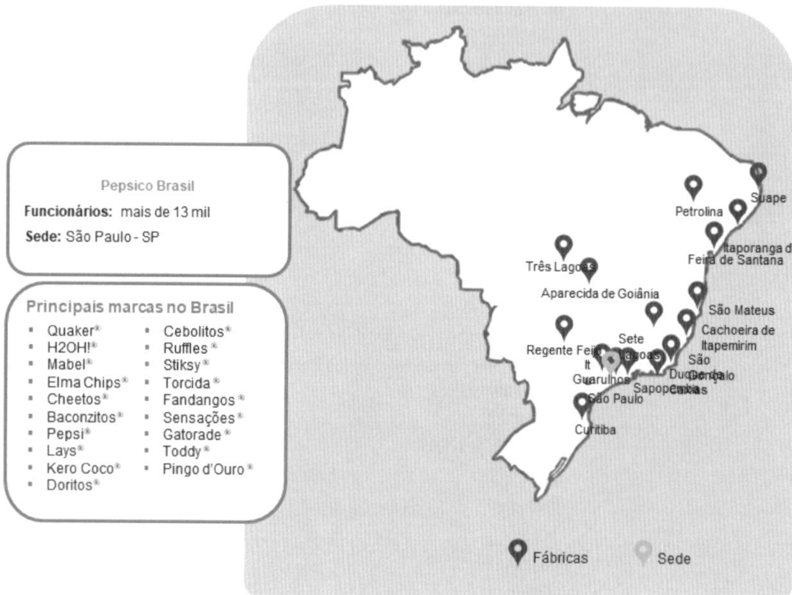

Figura 5.7 – Distribuição das indústrias PepsiCo pelo Brasil.

JBS

Com sede no Brasil, a JBS, cuja sigla remete ao nome de seu fundador, José Batista Sobrinho, atua no processamento de proteínas animais, como bovinos, suínos, ovinos e aves. As operações da empresa estão divididas em JBS South America e JBS North America, e incluem mais de 400 unidades de produção, localizadas em quinze países (Figura 5.8) (JBS, 2020b). A JBS fechou o ano de 2020 com receita líquida de mais de R$ 76,00 milhões e 240 mil colaboradores.

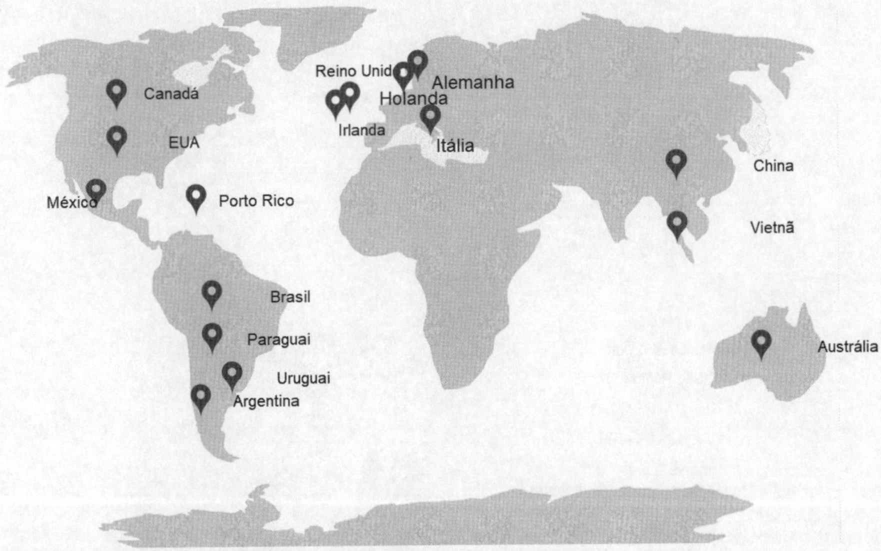

Figura 5.8 – Plataforma global de produção e venda da JBS.

A JBS atua em duas vertentes, vendendo seus produtos para outras empresas, que serão responsáveis por processar e levar o produto ao consumidor final, e diretamente ao consumidor final. Esses produtos incluem carnes in natura e congeladas e produtos prontos para consumo. Dentre as marcas reconhecidas, podem-se citar Cabana Las Lilas, Doriana, Friboi, Gold Kist Farms, Moy Park, Pilgrim's, Primo, Seara, Swift, Pierce e 1855, entre outras (JBS, 2020a). Destaca-se que a *brand* Pilgrim's Pride Corporation é a atual líder global em produção e processamento de frangos e a maior produtora de frangos orgânicos do mundo.

Os programas de estágio e *trainee* da JBS contam com as fases de testes on-line, vídeo entrevista, dinâmica e entrevista, comitê e seleção e admissão. O programa *trainee* da empresa tem duração de um ano e meio, oferecendo oportunidade de trabalho no exterior.

MARS

Sediada nos Estados Unidos, a Mars é uma empresa que fabrica e distribui produtos alimentícios, que abrangem *petcare*, chocolate, alimentos, bebidas, *Wrigley* e *Symbioscience*. Algumas marcas da Mars incluem M&M's®, Snickers®, Twix® Milky Way®, Dove®, Pedigree®, Royal Canin®, Whiska®, Extra®, Orbit®, 5®, Skittle®, Uncle Ben'®, Mars Drink® e Cocoavia® (MARS, 2020b).

Criada há mais de um século, conta com aproximadamente 150 mil colaboradores, espalhados por cerca de 80 países (MARS, 2020b). No ano de 2020, totalizou uma receita de US$ 35,00 bilhões, ocupando o sexto lugar da lista das maiores empresas privadas da América (FORBES, 2021).

No Brasil, a Mars se estrutura em nove unidades (Figura 5.9), que produzem algumas das marcas mais famosas do mundo, como M&M's®, Twix® e Ráris®, e os produtos para animais de estimação Pedigree®, Whiskas® e Royal Canin® (MARS, 2020b).

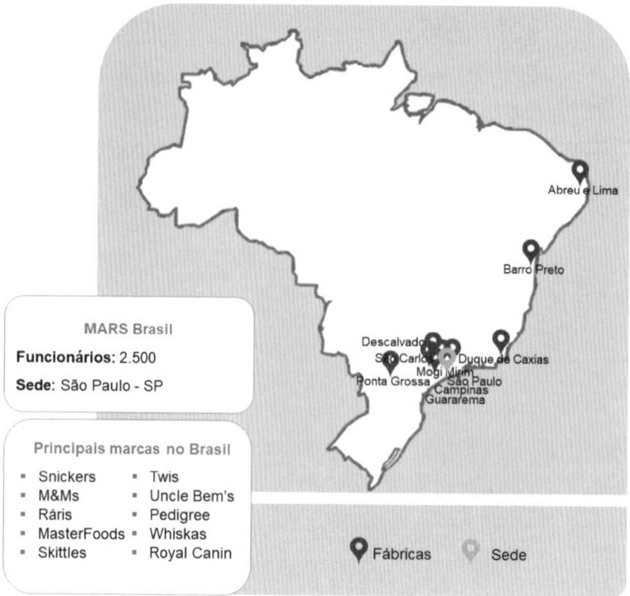

Figura 5.9 – Distribuição das indústrias Mars pelo Brasil.

Quadro 5.3 – Distribuição das indústrias Mars pelo Brasil.

Mars Brazil Petcare	Royal Canin Brazil
Pernambuco	**São Paulo**
Aberu e Lima	São Paulo, Descalvado
São Paulo	MCCS — Mars Center for Cocoa Science
Mogi Mirim, Capinas	**Bahia**
Paraná	Barro Preto
Ponta Grossa	
Mars Wrigley & Mars Food Brazil	
São Paulo	
São Paulo, Guarema	

Para estudantes que visam a participar do time de colaboradores, a Mars Brasil conta com o Programa de Estágio, voltado para estudantes do último ou penúltimo ano de graduação, e o Programa Aprendiz, para jovens estudantes (com ensino médio em curso ou completo, e com idade de 16 a 22 anos) em busca de sua primeira experiência profissional (MARS, 2020a).

BUNGE

Sediada nos Estados Unidos, a Bunge é uma empresa de processamento de alimentos que atua nos segmentos de agronegócio, alimentos e ingredientes, e açúcar e bioenergia. Seus mais de 23 mil funcionários estão distribuídos em cerca de 40 países. No Brasil, onde é líder em originação de grãos e processamento de soja e trigo, na fabricação de produtos alimentícios e em serviços portuários, emprega cerca de sete mil colaboradores, em 100 instalações (BUNGE, 2021).

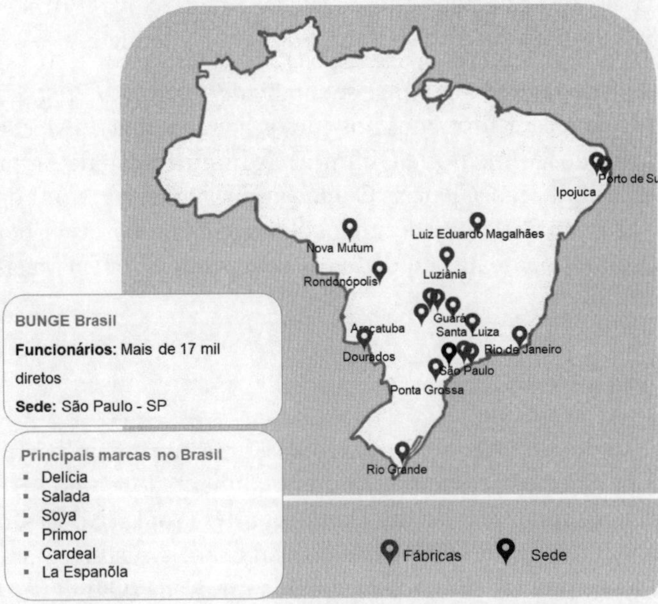

Figura 5.10 – Distribuição das plantas industriais da Bunge no Brasil.

Quadro 5.4 – Distribuição das plantas industriais da Bunge no Brasil.

Fábrica de atomatados, temperos e molhos prontos

São Paulo
Araçatuba

Moinhos de trigo

Distrito Federal
Guará
Minas Gerais
Santa Luzia
Pernambuco
Suape
Paraná
Ponta Grossa
Rio de Janeiro
Rio de Janeiro
São Paulo
Tatuí, Santos

Usina de cana-de-açúcar

Minas Gerais
Frutal, Itapagipe, Santa Juliana
Mato Grosso do Sul
Pontaporã
São Paulo
Pontes Gestal, Ouroeste
Orindiúva
Tocantins
Pedro Afonso

Produção de gorduras

Goiás
Luziânia
Pernambuco
Ipojuca, Suape
Santa Catarina
Gaspar
São Paulo
São Paulo

Produção de maionese

Santa Catarina
Gaspar

Refino de óleo

Bahia
Luis Eduardo Magalhães
Goiás
Luziânia
Mato Grosso
Rondonópolis
Pernambuco
Ipojuca, Suape
Santa Catarina
Gaspar
São Paulo
São Paulo

Processamento de soja

Bahia
Luis Eduardo Magalhães
Goiás
Luziânia
Mato Grosso do Sul
Dourados
Mato Grosso
Rondonópolis, Nova Mutum
Paraná
Ponta Grossa
Rio Grande do Sul
Rio Grande

Processamento de margarina

Pernambuco
Ipojuca, Suape
Santa Catarina
Gaspar
São Paulo
São Paulo

Dentre as marcas reconhecidas estão: Delícia, Salada, Soya, Primor, Cardeal, La Española, Etti, Salsaretti, Cajamar, Soberana, Suprema e Predileta.

O Programa Jovens Talentos da Bunge se subdivide em dois: o Programa de *Trainee*, que aceita candidatos recém-formados nos cursos de Engenharia (Mecânica, Elétrica, Agronômica, Produção, Alimentos e Química), Administração de Empresas, Economia, Ciências da Computação, Ciências Contábeis ou Marketing; e o Programa Jovens Engenheiros. Os processos seletivos de ambos abrangem entrevistas virtuais e presenciais, que ocorrem diretamente nas unidades da Bunge onde houver vagas disponíveis (BUNGE, 2020).

GENERAL MILLS

Sediada nos Estados Unidos, a General Mills é uma empresa proprietária de marcas conhecidas em diversos segmentos do ramo alimentício, como cereais matinais (Cheerios e Wheaties), sorvetes (Häagen-Dazs), iogurtes (Yoplait), doces, como *muffins* e *brownies* (Pillsbury), vegetais congelados (Green Giant), misturas para sobremesas (Betty Crocker), sopas prontas (Progresso), comida mexicana (Old El Paso) e barras de cereais (Nature Valley) (MILLS, 2020).

No ano de 2019, a empresa gerou US$ 16,90 bilhões em vendas e fluxo de caixa livre no valor de US$ 2,30 bilhões (MILLS, 2020). Além disso, possui cerca de 35 mil funcionários espalhados por mais de 100 unidades ao redor do mundo (STATISTA, 2020).

No Brasil, a General Mills é representada pelas marcas Yoki, Kitano, Häagen-Dazs e Carolina, e conta com mais de 4,5 mil colaboradores (VAGAS, 2020). O Programa de Estágio é anual e exige conhecimento da língua inglesa em nível intermediário ou avançado, sendo todos os cursos universitários aceitos. Até o ano de 2019, a empresa contava com sete plantas industriais espalhadas pelo país (Figura 5.11).

Figura 5.11 – Distribuição das indústrias General Mills pelo Brasil.

COCA-COLA

Sediada nos Estados Unidos, The Coca-Cola Company é a maior empresa fabricante, vendedora e distribuidora de bebidas do mundo, estando presente em mais de 200 países, contando com mais de 500 marcas e 4.700 produtos (THE COCA-COLA COMPANY, 2020b). Fundada em 1886, é, de acordo com a Interbrand (empresa especializada em analisar o valor das marcas mundiais utilizando três diferentes fatores: desempenho financeiro, papel da marca na decisão de compra do produto e força da marca para garantir um preço *premium* ou ganhos futuros para a empresa), a marca número 5 no *ranking* Best Global Brands 2018 (INTERBRAND, 2018).

Liderado pela marca Coca-Cola, uma das mais valiosas e reconhecidas do mundo, o portfólio da empresa possui vinte marcas bilionárias, dezoito delas disponíveis em opções de calorias reduzidas, baixas ou sem calorias. Entre as marcas mais rentáveis estão Diet Coke®, Coca-Cola Zero®, Fanta®, Sprite®, Dasani®, Vitaminwater®, Powerade®, Minute Maid®, Simply®, Del Valle®, Georgia® e Gold Peak® (THE COCA-COLA COMPANY, 2020c).

A The Coca-Cola Company é a responsável pela organização dos negócios em todo o mundo, enquanto a Coca-Cola Export Corporation supervisiona a fabricação dos produtos fora dos Estados Unidos por meio de suas filiais. No ano de 2016, a receita operacional líquida atingiu o patamar de US$ 37,30 bilhões, contando com mais de 700 mil colaboradores no sistema (THE COCA-COLA COMPANY, 2020a). Enquanto isso, no Brasil, 78 anos após a instalação da primeira fábrica, a Coca-Cola conta com 64 fábricas (Figura 5.12).

Figura 5.12 – Distribuição das indústrias da The Coca-Cola Company pelo Brasil.

Para estudantes que visam a participar do time de colaboradores, a Coca-Cola Brasil conta com o Programa de *Trainees*, voltado para jovens formados há no máximo dois anos ou que estejam colando grau até a data divulgada por eles. Antes de ser classificado, o candidato deve, após a inscrição, participar de dinâmicas on-line, painel com gestores e entrevistas individuais (99 JOBS, 2020).

MONDELĒZ INTERNATIONAL

Mondelēz International Inc. é uma das maiores fabricantes de *snacks* do mundo, com receita líquida global de US$ 25,00 bilhões em 2019 (MONDELÉZ, 2020b). A empresa surgiu em outubro de 2012, após a divisão da empresa Kraft em duas empresas independentes: Kraft Foods Group (responsável por produzir exclusivamente massas, molhos e queijos, entre outros alimentos que fazem parte do portfólio na América do Norte) e Mondelēz International, avaliada em US$ 31,00 bilhões (responsável pelas maiores marcas de chocolate, biscoitos, gomas de mascar, doces, cafés e bebidas em pó no mundo inteiro). A Mondelēz está presente em mais de oitenta países, com marcas como Tang®, Trident®, Halls®, Milka®, Tobleron®, Nabisco® e Lacta® (MONDELÉZ, 2020b).

No Brasil, destaca-se com as marcas Lacta, Bis, Trident, Halls, Club Social, Oreo, Tang, entre outras. A maior fábrica de chocolates da empresa localiza-se em Curitiba (PR), onde também são fabricadas gomas e balas, *cream cheese* e bebidas em pó. Já no parque de Vitória de Santo Antão (PE), são fabricados somente chocolates e biscoitos. A Mondelēz ainda possui, no Brasil, escritórios em São Paulo, Recife e Curitiba, centros de distribuição em Araucária (PR), Louveira (SP), Viana (ES), Maceió (AL) e Cabo de Santo Agostinho (PE), e um centro de tecnologia em Curitiba (Figura 5.13).

Figura 5.13 – Distribuição das indústrias da Mondelēz International pelo Brasil.

A empresa conta com programas de estágio em quinze diferentes áreas profissionais, sendo eles: assuntos corporativos e governamentais, serviços ao cliente e logística; engenharia; finanças; recursos humanos; sistemas de informação; jurídico; manufatura; marketing; compras; pesquisa e desenvolvimento; qualidade; vendas; estratégia; e análise estratégica e serviços empresariais (MONDELÉZ, 2020a).

KELLOGG'S

A Kellogg's, empresa americana sediada nos Estados Unidos, é uma multinacional produtora de cereais, fundada em 1906 (KELLOGG'S, 2020b). No ano de 2019, a empresa totalizou mais de US$ 13,00 milhões em vendas líquidas e 31 mil colaboradores (KELLOGG'S, 2020a).

No Brasil, onde está presente há mais de 60 anos (Figura 5.14), seus principais produtos são Sucrilhos e Corn Flakes. Seu programa de estágio abrange as áreas de Marketing (Administração, Comunicação, Publicidade e Propaganda, Economia e Marketing), Finanças (Administração, Engenharias e Economia) e *Supply Chain* Inovação (Engenharia de alimentos, Engenharia de produção e Engenharia química), entre outras.

Figura 5.14 – Distribuição das indústrias Kellogg's pelo Brasil.

UNILEVER

Sediada na Inglaterra, a Unilever é uma das maiores empresas de bens de consumo do mundo, responsável pela fabricação de produtos de higiene pessoal, limpeza e alimentos. Seus produtos são vendidos em mais de 190 países ao redor do mundo, empregando aproximadamente 167 mil funcionários e contando com um portfólio constituído por mais de 400 marcas (das quais 25 representam 75% de suas vendas no mundo), muitas delas locais (encontradas somente em algumas regiões ou países).

Possui doze marcas globais (entre elas, Lipton, Omo, Rexona, Knorr, Hellmann's, Lux, Axe e Dove). O volume de negócios de mais de € 52,00 bilhões é dividido em: *Beauty & Personal Care* (€ 21,90 bilhões), *Food & Beverages* (€ 19,30 bilhões) e *Home Care* (€ 10,80 bilhões) (UNILEVER, 2020). No Brasil, a empresa conta atualmente com dez fábricas (Figura 5.15) nos estados de São Paulo, Goiás, Minas Gerais e Pernambuco (UNILEVER, 2013). A empresa conta ainda com o Programa de Estágio, de *Trainees* e Senhor Estagiário.

Figura 5.15 – Distribuição das indústrias Unilever pelo Brasil.

DANONE

O Grupo Danone é um dos líderes mundiais no setor de alimentos. Sediado na França, atua por meio das seguintes divisões: *Fresh Dairy Products* (produtos lácteos frescos), *Waters* (águas), *Early Life Nutrition* (nutrição infantil) e *Medical Nutrition* (nutrição médica). A divisão *Fresh Dairy Products* produz e comercializa iogurtes, produtos lácteos frescos fermentados e outros produtos lácteos frescos especializados. A divisão *Waters* compreende o negócio de águas naturais junto com bebidas aquáticas. A divisão de *Early Life Nutrition* concentra-se em alimentos especializados para bebês e crianças pequenas para complementar a amamentação. A divisão de *Medical Nutrition* concentra-se principalmente em pessoas que recebem tratamento médico, bebês afetados por certas doenças e idosos frágeis (DANONE, 2020a).

Presente no mercado há mais de 120 anos, seu portfólio inclui marcas presentes em todo o mundo e muito conhecidas, como: Activia, Actimel, Alpro, Aqua, Blédina, Bonafont, Danette, Cow & Gate, Danoninho, Danio, Silk, Volvic, Nutrilon Aptamil, Nutricia, entre outras. Tais produtos estão presentes em mais de 120 países e renderam, em 2019, um total de US$ 25,30 bilhões em vendas. Seus mais de 100 mil funcionários estão divididos pelos 55 países onde a empresa possui indústrias (DANONE, 2020b).

No Brasil há 50 anos, a Danone opera hoje por meio de cinco fábricas: três localizadas no estado de Minas Gerais, uma em São Paulo e uma no Ceará (Figura 5.16) (DANONE, 2020a). Conta ainda com 3.400 funcionários trabalhando nas três subdivisões presentes no país.

Figura 5.16 – Distribuição das indústrias Danone pelo Brasil.

O Programa de Estágio Danone, voltado para aqueles que estão no penúltimo ou no último ano de faculdade para diversas áreas (como cursos de engenharias, administração, economia, ciências contábeis, marketing, publicidade e propaganda, nutrição, farmácia, psicologia, direito, relações públicas, relações internacionais e comércio exterior), pode durar de um a dois anos (DANONE, 2020b).

BRF

Sediada em Itajaí (SC), em 2009, a atual BRF foi originada por meio da fusão entre a Perdigão (criada na década de 1930) e a Sadia (fundada na década de 1940), dando origem a um dos maiores complexos agroindustriais do mundo (BRF, 2020c). A empresa conta com mais de três mil produtos em seu portifólio e diversas marcas conhecidas, como Chester, Claybom, Confidence, Deline, Miss Daisy, Perdigão, Perdix, Qualy e Sadia (BRF, 2020a).

No ano de 2019, o Grupo BRF atingiu uma receita operacional líquida de R$ 33,40 bilhões, sendo que as vendas no mercado externo atingiram cerca de R$ 14,90 bilhões, o que representa um volume de, aproximadamente, 1,9 milhão de toneladas (BRF, 2020d). Até o ano de 2019, o Brasil possuía 34 plantas e 21 centros de distribuição, que empregam mais de 88 mil colaboradores.

O Programa de Talentos da BRF engloba três tipos distintos, com foco em diferentes faixas etárias e/ou nível de escolaridade. O Programa de Jovem Aprendiz é voltado para jovens com idade mínima entre 14 e 24 anos, que estão cursando ou já concluíram o ensino fundamental ou médio. O Programa de Estágio inclui o Estágio Curricular, para aqueles que cursam o penúltimo ano ou penúltimo semestre da graduação; e o Estágio Extracurricular, para aqueles que cursam o penúltimo ano de graduação. Já o Programa de *Trainee Supply* tem duração de dezoito meses e é destinado aos profissionais recém-formados (até dois anos) (BRF, 2020b).

AMBEV

Sediada em São Paulo (SP), a Ambev (Americas' Beverage Company, ou Companhia de Bebidas das Américas), foi criada há mais de vinte anos por meio da união entre a Cervejaria Brahma e a Companhia Antarctica (AMBEV, 2020c). Atualmente, a Ambev faz parte do grupo AB InBev (Anheuser-Busch InBev), criada a partir da união da Ambev com a belga Interbrew. Presente em dezenove países, possui um portfólio com 30 marcas de bebidas, dentre elas, Antarctica, Brahma, Skol, Bohemia, Budweiser, Stella Artois, Corona, entre outras (AMBEV, 2020b).

Em termos operacionais, chegou a empregar, em 2019, aproximadamente 50 mil colaboradores espalhados pelo mundo, dos quais cerca de 30 mil só no Brasil, em 32 cervejarias e duas maltarias (AMBEV, 2020a). Estima-se que a venda líquida consolidada da Cervejaria Ambev, em 2021, foi superior a R$ 72,90 bilhões (AMBEV, 2022).

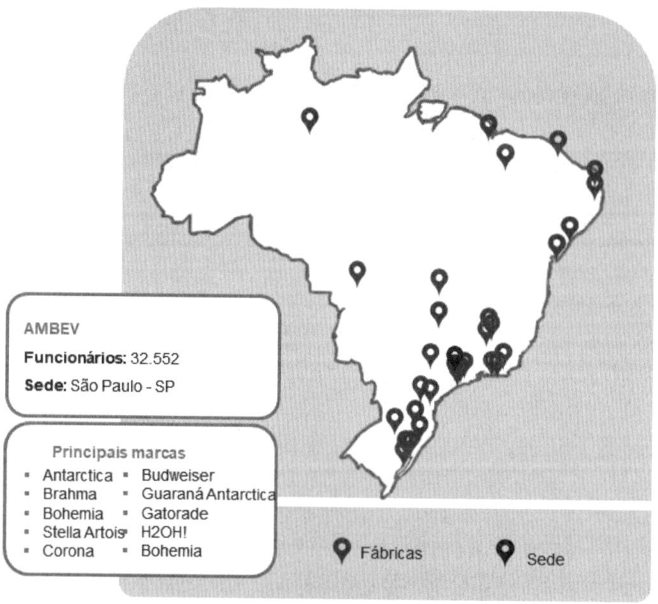

Figura 5.17 – Distribuição das indústrias Ambev pelo Brasil.

A Ambev possui diversos programas coorporativos, dentre eles, o Estágio *Summer Challenge*, com duração de aproximadamente dois meses; o *Summer Undergrad International*, com duração de dez semanas, programa de estágio dividido entre as áreas de *business*, *tech* e *supply*; o Programa Estágio Representa, voltado para universitários negros; *Trainee* Ambev, Programa MBA voltado para aqueles que estejam cursando um *Full Time MBA Program* em uma *business school* no exterior; e o HBSIS (AMBEV, 2020a).

MARFRIG

Criada em 1986 e sediada em São Paulo (SP), a Marfrig Global Foods S.A. é uma multinacional do setor de alimentos que atua nos segmentos de *food service*, varejo e processamento de carne bovina. Está presente em cerca de 100 países, com 32 unidades de produção. Na América do Sul, possui operações em Brasil, Argentina, Uruguai e Chile e, nos Estados Unidos, está presente por meio da *National Beef* (MARFRIG, 2020c).

No Brasil, possui unidades operacionais em Colombo (PR), Itupeva (SP), Promissão (SP), Belford Roxo (RJ), Recife (PE) e Esteio (RS) (MARFRIG, 2020a).

Com mais de 32 mil colaboradores, atingiu, no ano de 2019, R$ 49,90 bilhões de receita líquida, sendo considerada a segunda maior empresa de proteína bovina do mundo em capacidade e primeira na produção de hambúrgueres (MARFRIG, 2020b).

AURORA ALIMENTOS

Presente no mercado há mais de 50 anos e com sede na cidade de Chapecó (SP), a Cooperativa Central Aurora Alimentos é o terceiro maior conglomerado industrial do setor de carnes do Brasil. É atualmente formada por onze cooperativas filiadas e mais de 65 mil famílias, atuando na industrialização e na comercialização de carnes suínas, aves, lácteos, massas, vegetais e suplementos para nutrição animal (AURORA, 2020a).

As unidades industriais e comerciais, as granjas e os distribuidores estão por todo o Brasil, totalizando 64 unidades, sendo 32 produtoras, 28 comerciais, dois centros logísticos, uma sede corporativa comercial em Guarulhos (SP) e a sede administrativa em Chapecó (SC). Em 2019, a Cooperativa Central Aurora Alimentos obteve uma receita operacional bruta de R$ 10,90 bilhões de reais (aumento de 20% em relação a 2018), dos quais 30% advindos das vendas no mercado externo. Nesse mesmo período, a empresa mantinha aproximadamente 30 mil colaboradores diretos (AURORA, 2020b).

O Programa de Estágio da Aurora Alimentos ocorre semestralmente e abrange, entre outros, os cursos de Engenharia de Alimentos, Engenharia Ambiental, Engenharia de Produção, Engenharia Elétrica, Engenharia Mecânica, Engenharia Química, Engenharia Sanitária, Medicina Veterinária e Tecnologia em Alimentos (AURORA, 2020c).

CITROSUCO

Criada em 2010 e sediada em Matão (SP), a Citrosuco é uma empresa produtora de suco de laranja concentrado e de subprodutos industrializados de laranja, como óleos essenciais e ração animal. Atualmente, é responsável por 20% de participação no mercado global, possuindo quatro plantas, localizadas em Araras (SP), Catanduva (SP), Matão (SP) (maior planta de processamento de suco de laranja do mundo) e Lake Wales (Flórida, Estados Unidos) (CITROSUCO, 2022).

Na safra 2019–2020, a Citrosuco atingiu receita líquida superior a US$ 979,00 milhões, contando com 5.500 funcionários (CITROSUCO, 2021a). A empresa conta com o #semear, programa de estágio que oferece oportunidades a universitários dos seguintes cursos: Administração, Biologia, Ciências Contábeis, Ciências da Computação, Ciências Econômicas, Comunicação, Direito, Economia, Engenharias, Estatística, Jornalismo, Logística, Marketing, Pedagogia, Psicologia, Publicidade e Propaganda, Química e Relações Internacionais. O processo seletivo acontece anualmente (CITROSUCO, 2021b).

ITAMBÉ

No mercado há mais de 80 anos, a Itambé Alimentos S/A é uma empresa mineira, anteriormente denominada Cooperativa Central dos Produtores Rurais de Leite Ltda. A Itambé processa diariamente cerca de três milhões de litros de leite, produzidos em cinco fábricas, das quais quatro instaladas em Minas Gerais — Pará de Minas, Sete Lagoas, Guanhães e Uberlândia — e uma em Goiânia (GO), e 3.500 funcionários diretos. O portfólio da empresa possui mais de 160 produtos processados, entre leites, iogurtes, requeijão e doce de leite, divididos entre as linhas Natural Milk®, Itambé Kids® Itambé Pro®, Itambé Fit®, NoLac®, Goody®, Precioso®, e Vitamina Uai® (ITAMBÉ, 2020).

Em julho de 2019, a companhia francesa Lactalis, maior empresa do setor de laticínios do mundo, realizou a conclusão da aquisição e incorporação da Itambé. A empresa francesa anunciou a manutenção da marca mineira, tendo como próximo passo a definição de um plano de crescimento com investimentos em ampliação da sua capacidade produtiva e dos mercados, além da diversificação de produtos (ESTADO DE MINAS, 2019).

MINERVA FOODS

A companhia Minerva Foods, criada em 1992, é a segunda maior exportadora de carne e a maior exportadora de gado vivo do Brasil. Detentora das empresas Minerva Casings, Minerva Biodiesel, Minerva Leather, Minerva Beef Shop, Minerva Live Cattle Exports, e Logística Minerva, sustenta uma posição privilegiada no mercado internacional, exportando para mais de cem países nos cinco continentes (MINERVA, 2020a).

Atualmente, opera por meio de 25 plantas de abate de bovinos, sendo dez localizadas no Brasil, cinco no Paraguai, três no Uruguai, cinco na Argentina e duas na Colômbia. Adicionalmente, a Minerva Foods possui uma planta de processamento de proteínas (bovina, suína e aves) no Brasil, chamada Minerva Fine Foods, e duas localizadas nas cidades de Rosário e Pilar, na Argentina, as quais compõem a marca Swift Argentina. A Companhia exporta para mais de 100 países, por meio de catorze centros de distribuição, sendo nove no Brasil, um no Paraguai, um na Colômbia, dois no Chile e um na Argentina (MINERVA, 2020b).

Após 27 anos de sua fundação, a receita bruta da Minerva Foods foi de R$ 18,20 bilhões, contando com 18.469 colaboradores, próprios e terceirizados (MINERVA, 2020c).

Por fim, é possível analisar a representatividade e distribuição do setor de alimentos pelo Brasil, que visa garantir o abastecimento e difusão de alimentos pelo país, além de buscar avanços técnicos e econômicos através de uma cadeia de processamento de alimentos e bebidas, desenvolvendo cada vez mais uma indústria dinâmica e eficiente.

REFERÊNCIAS

99 JOBS. *Programa Trainee Coca-Cola Brasil.* 2020. Disponível em: <**https://www.99jobs.com/coca-cola-brasil/jobs/77665-programa-trainee-coca-cola-brasil**>. Acesso em: 3 nov. 2020.

ABIA (ASSOCIAÇÃO BRASILEIRA DA INDÚSTRIA DE ALIMENTOS). *Indústra de alimentos cresce 6,7% 2019.* 2020a. Disponível em: <**https://www.abia.org.br/releases/industria-de-alimentos-cresce-67-em-2019**>. Acesso em: 19 nov. 2020.

ABIA (ASSOCIAÇÃO BRASILEIRA DA INDÚSTRIA DE ALIMENTOS). *Indústria de alimentos — Balança comercial 2020.* 2021a. Disponível em: <**https://www.abia.org.br/downloads/balanca-comercial-ABIA2020.pdf**>. Acesso em: 30 jul. 2021.

ABIA (ASSOCIAÇÃO BRASILEIRA DA INDÚSTRIA DE ALIMENTOS). *Indústria de alimentos — Empregos.* 2021b. Disponível em: <**https://www.abia.org.br/downloads/numeros-empregos-ABIA2020.pdf**>. Acesso em: 7 ago. 2021.

ABIA (ASSOCIAÇÃO BRASILEIRA DA INDÚSTRIA DE ALIMENTOS). *Indústria de alimentos — Mercado Interno.* 2021c. Disponível em: <**https://www.abia.org.br/downloads/numeros-mercado-interno-ABIA2020.pdf**>. Acesso em: 30 jul. 2021.

ABIA (ASSOCIAÇÃO BRASILEIRA DA INDÚSTRIA DE ALIMENTOS). *Indústria de alimentos — Produção 2020 Evolução da Indústria de Alimentos.* 2021d. Disponível em: <**https://www.abia.org.br/downloads/numeros-producao-ABIA2020.pdf**>. Acesso em: 30 jul. 2021.

ABIA (ASSOCIAÇÃO BRASILEIRA DA INDÚSTRIA DE ALIMENTOS). *Indústria de alimentos: Balança comercial 2021.* 2022a. Disponível em: <**https://www.abia.org.br/downloads/balanca-comercial-ABIA2021.pdf**>. Acesso em: 28 fev. 2022.

ABIA (ASSOCIAÇÃO BRASILEIRA DA INDÚSTRIA DE ALIMENTOS). *Infográfico 2021.* 2022b. Disponível em: <**https://www.abia.org.br/downloads/Infografico2022.pdf**>. Acesso em: 28 fev. 2022.

ABIA (ASSOCIAÇÃO BRASILEIRA DA INDÚSTRIA DE ALIMENTOS). *Número de Estabelecimentos Industriais e Número de Empregos.* 2022c. Disponível em: <**https://www.abia.org.br/downloads/numeros-empregos-ABIA2021.pdf**>. Acesso em: 28 fev. 2022.

ABIA (ASSOCIAÇÃO BRASILEIRA DA INDÚSTRIA DE ALIMENTOS). *Números do setor: faturamento 2019.* 2020b. Disponível em: <**https://www.abia.org.br/vsn/anexos/faturamento2019.pdf**>. Acesso em: 7 ago. 2021.

ABIA (ASSOCIAÇÃO BRASILEIRA DA INDÚSTRIA DE ALIMENTOS). *Relatório Anual 2020.* 2021e. Disponível em: <**https://www.abia.org.br/vsn/temp/z2021826RelatorioAnual2020simplesnovo1.pdf**>. Acesso em: 30 jul. 2021.

AMBEV. *Destaques Financeiros*. 2022. Disponível em: <**https://ri.ambev.com.br/visao-geral/destaques-financeiros/**>. Acesso em: 28 fev. 2022.

AMBEV. *Faça parte da Ambev*. 2020a. Disponível em: <**https://www.ambev.com.br/carreiras**>. Acesso em: 4 nov. 2020.

AMBEV. *Nossas marcas*. 2020b. Disponível em: <**https://www.ambev.com.br/marcas**>. Acesso em: 4 nov. 2020.

AMBEV. *Sobre a Ambev*. 2020c. Disponível em: <**https://www.ambev.com.br/sobre**>. Acesso em: 4 nov. 2020.

AURORA. *A Aurora*. 2020a. Disponível em: <**https://www.auroraalimentos.com.br/aurora**>. Acesso em: 1 nov. 2020.

AURORA. *Aurora Alimentos apresenta resultados do exercício 2019*. 2020b. Disponível em: <**https://auroraalimentos.com.br/comunicacao/noticia/517/aurora-alimentos-apresenta-resultados-do-exercicio-2019**>. Acesso em: 1 nov. 2020.

AURORA. *Gestão de pessoas*. 2020c. Disponível em: <**https://auroraalimentos.com.br/gestao-de-pessoas**>. Acesso em: 1 nov. 2020.

BNDES (BANCO NACIONAL DE DESENVOLVIMENTO ECONÔMICO E SOCIAL (BNDES)). *Perspectivas do investimento 2018–2021*. 2020. Disponível em: <**https://www.bndes.gov.br/wps/portal/site/home/conhecimento/noticias/noticia/perspectivas-investimento-2018-21**>. Acesso em: 19 nov. 2020.

BRF. *Nossas marcas*. 2020a. Disponível em: <**https://www.brf-global.com/nossas-marcas/**>. Acesso em: 4 nov. 2020.

BRF. *Programa de Talentos*. 2020b. Disponível em: <**https://talents.brf.com/content/careers/?locale=pt_BR**>. Acesso em: 4 nov. 2020.

BRF. *Quem somos*. 2020c. Disponível em: <**https://www.brf-global.com/sobre/a-brf/quem-somos/**>. Acesso em: 4 nov. 2020.

BRF. *Relatório Integrado 2019*. 2020d. Disponível em: <**https://www.brf-global.com/wp-content/uploads/2020/05/BRF_RI_2019_PORT.pdf**>. Acesso em: 4 nov. 2020.

BUNGE. *A Bunge: Perfil*. 2021. Disponível em: <**http://www.bunge.com.br/Bunge/Perfil.aspx**>. Acesso em: 7 ago. 2021.

BUNGE. *Carreiras: Jovens Talentos*. 2020. Disponível em: <**http://www.bunge.com.br/Carreiras/Jovens_Talentos.aspx**>. Acesso em: 27 ago. 2020.

CARGILL. *Ações da Cargill diante da Pandemia Global de Coronavírus (COVID-19)*. 2020a. Disponível em: <**https://www.cargill.com.br/pt_BR/in%5C%C3%5C%ADcio**>. Acesso em: 27 out. 2020.

CARGILL. *Desempenho financeiro*. 2020b. Disponível em: <**https://www.cargill.com/static/brazil-annual-report/2018-2019/pt/a-cargil.html#desempenho_financeiro**>. Acesso em: 27 out. 2020.

CARGILL. *Estágio Nível Superior*. 2020c. Disponível em: <**http://novostalentoscargill.com.br/site/estagio-nivel-superior/**>. Acesso em: 27 out. 2020.

CITROSUCO. *A Citrosuco*. 2022. Disponível em: <**https://www.citrosuco.com.br/a-citrosuco/#:~:text=A%5C%20Citrosuco%5C%20cultiva%5C%2C%5C%20produz%5C%20e,influ%5C%C3%5C%AAncia%5C%20com%5C%20toda%5C%20a%5C%20cadeia**>. Acesso em: 17 fev. 2022.

CITROSUCO. *Conheça nosso Programa de Estágio*. 2021a. Disponível em: <**https://www.estagiotrainee.com/post/citrosuco**>. Acesso em: 4 ago. 2021.

CITROSUCO. *Relatório de sustentabilidade 2019–2020*. 2021b. Disponível em: <**https://www.citrosuco.com.br/wp-content/uploads/2021/07/Citrosuco_RS2020_02.pdf**>. Acesso em: 4 ago. 2021.

DANONE. *About Danone*. 2020a. Disponível em: <**https://www.danone.com/about-danone.html**>. Acesso em: 4 nov. 2020.

DANONE. *Annual Report 2019*. 2020b. Disponível em: <**https://www.danone.com/integrated-annual-report-2019/danone-in-2019.html#FABER**>. Acesso em: 4 nov. 2020.

DANONE. *Danone no Brasil*. 2022. Disponível em: <**https://www.danone.com/integrated-annual-report-2019/danone-in-2019.html#FABER**>. Acesso em: 16 fev. 2022.

DANONE. *Programa de Estágio Danone*. 2020c. Disponível em: <**https://corporate.danone.com.br/nossa-missao**>. Acesso em: 16 fev. 2022.

ESTADO DE MINAS. *Itambé agora é da francesa Lactalis*. 2019. Disponível em: <**https://www.em.com.br/app/noticia/economia/2019/07/10/internas_economia,1068737/empresa-francesa-lactalis-compra-a-mineira-itambe.shtml**>. Acesso em: 4 nov. 2020.

FMI (FUNDO MONETÁRIO INTERNACIONAL (FMI)). *World Economic Outlook Database, April 2021*. 2021. Disponível em: <**https://www.imf.org/en/Publications/SPROLLs/world-economic-outlook-databases#sort=%5C%40imfdate%5C%20descending**>. Acesso em: 30 jul. 2021.

FORBES. *Global 2000 -- The World's Largest Public Companies*. 2021. Disponível em: <**https://www.forbes.com/lists/global2000/#a346755ac042**>. Acesso em: 30 jul. 2021.

FORBES. *Mars*. 2020. Disponível em: <**https://www.forbes.com/companies/mars/?sh=19f861713bb7**>. Acesso em: 29 out. 2020.

IBGE (INSTITUTO BRASILEIRO DE GEOGRAFIA E ESTATÍSTICA). *Produto Interno Bruto — PIB*. 2022. Disponível em: <**https://www.ibge.gov.br/explica/pib.php**>. Acesso em: 17 fev. 2022.

IBGE (INSTITUTO BRASILEIRO DE GEOGRAFIA E ESTATÍSTICA). *Projeção da população do Brasil e das Unidades da Federação*. 2021. Disponível em: <**https://www.ibge.gov.br/apps/populacao/projecao/**>. Acesso em: 30 jul. 2021.

INTERBRAND. *Interbrand lança o ranking Best Global Brands 2018*. 2018. Disponível em: <**https://www.rankingthebrands.com/The-Brand-Rankings.aspx?rankingID=37%5C&year=1231**>. Acesso em: 9 jul. 2019.

INVESTSP (AGÊNCIA PAULISTA DE PROMOÇÃO DE INVESTIMENTOS E COMPETITIVIDADE). *Nestlé aponta investimentos de mais de R$ 84 milhões em Araras entre 2016 e 2018*. 2018. Disponível em: <**https://www.investe.sp.gov.br/noticia/nestle-aponta-investimentos-de-mais-de-r-84-milhoes-em-araras-entre-2016-e-2018/#:~:text=Araras%5C%20foi%5C%20a%5C%20primeira%5C%20cidade,seria%5C%20conhecido%5C%20como%5C%20Leite%5C%20Mo%5C%C3%5C%A7a.**>. Acesso em: 27 out. 2020.

ITAL (INSTITUTO DE TECNOLOGIA DE ALIMENTOS). *Alimentos Industrializados: a importância para a sociedade brasileira*. 1. ed. Campinas: Secretaria de Agricultura e Abastecimento do Estado de São Paulo, 2018.

ITAMBÉ. *Nossa história*. 2020. Disponível em: <**https://www.itambe.com.br/portal/sobre**>. Acesso em: 4 nov. 2020.

JBS. *Marcas*. 2020a. Disponível em: <**https://jbs.com.br/marcas/**>. Acesso em: 27 nov. 2020.

JBS. *Quem somos*. 2020b. Disponível em: <**https://jbs.com.br/sobre/jbs/**>. Acesso em: 27 nov. 2020.

KELLOGG'S. *2019 Annual Report*. 2020a. Disponível em: <**https://s1.q4cdn.com/243145854/files/doc_financials/2019/ar/2019-Annual.pdf**>. Acesso em: 3 nov. 2020.

KELLOGG'S. *Our history*. 2020b. Disponível em: <**https://www.kelloggs.pt/pt_PT/who-we-are/our-history.html**>. Acesso em: 3 nov. 2020.

MARFRIG. *Nossas operações: Brasil*. 2020a. Disponível em: <**https://www.marfrig.com.br/nossas-operacoes/brasil**>. Acesso em: 4 nov. 2020.

MARFRIG. *Relatório sustentabilidade de 2019*. 2020b. Disponível em: <**https://www.marfrig.com.br/static/pdf/relatorio-anual/Marfrig_RA19.pdf**>. Acesso em: 4 nov. 2020.

MARFRIG. *Sobre*. 2020c. Disponível em: <**https://www.marfrig.com.br/marfrig/sobre**>. Acesso em: 4 nov. 2020.

MARS. *Estudantes e Graduados*. 2020a. Disponível em: <**https://careers.mars.com/br/pt/students-graduates**>. Acesso em: 29 out. 2020.

MARS. *The world we want tomorrow starts with how we do business today*. 2020b. Disponível em: <**https://bra.mars.com/sites/g/files/jydpyr316/files/2019-03/media_resources_-_miam_infographic.jpg**>. Acesso em: 29 out. 2020.

MILLS, G. *Negócios*. 2020. Disponível em: <**https://generalmills.com.br/pt-BR/Company/Negocios**>. Acesso em: 1 nov. 2020.

MINERVA. *A Companhia*. 2020a. Disponível em: <**http://ri.minervafoods.com/a-companhia/historico/**>. Acesso em: 4 nov. 2020.

MINERVA. *Guidance*. 2020b. Disponível em: <**http://ri.minervafoods.com/a-companhia/historico/**>. Acesso em: 4 nov. 2020.

MINERVA. *Relatório de Sustentabilidade 2019*. 2020c. Disponível em: <**https://www.minervafoodsrs.com/2019/perfil/**>. Acesso em: 4 nov. 2020.

MONDELÉZ. *Estágio Mondeléz*. 2020a. Disponível em: <**https://www.bettha.com/estagiomondelez2021**>. Acesso em: 2 nov. 2020.

MONDELÉZ. *Our history*. 2020b. Disponível em: <**https://br.mondelezinternational.com/about-us/our-history**>. Acesso em: 2 nov. 2020.

NESTLÉ. *A Nestlé*. 2020a. Disponível em: <**https://www.nestle.com.br/a-nestle**>. Acesso em: 27 out. 2020.

NESTLÉ. *Annual Review 2020*. 2021. Disponível em: <**Annual%20Review%202020**>. Acesso em: 30 jul. 2021.

NESTLÉ. *Comece sua carreira*. 2020b. Disponível em: <**https://www.nestle.com.br/a-nestle**>. Acesso em: 27 out. 2020.

O ESTADO DE S. PAULO. *Ranking 1500*. 2020. Disponível em: <**https://publicacoes.estadao.com.br/empresasmais2019/ranking-1500/?nome%5C&setor_nome=alimentos-e-bebidas%5C&uf_sede**>. Acesso em: 20 out. 2020.

PEPSICO. *PepsiCo no Brasil*. 2021a. Disponível em: <**https://www.pepsico.com.br/sobre/pepsico-no-brasil**>. Acesso em: 7 ago. 2021.

PEPSICO. *Seu talento nosso palco*. 2021b. Disponível em: <**https://www.pepsico.com.br/carreiras/carreira**>. Acesso em: 7 ago. 2021.

PEPSICO. *Sobre a PepsiCo*. 2021c. Disponível em: <**https://www.pepsico.com.br/sobre/sobre**>. Acesso em: 7 ago. 2021.

PLUNKET RESEARCH. *Complete Guide to the Food Industry From Plunkett Research 2021*. 2021. Disponível em: <**https://www.plunkettresearch.com/complete-guide-to-the-food-industry-from-plunkett-research-2021/**>. Acesso em: 7 ago. 2021.

STATISTA. *Number of employees of General Mills worldwide from 2008 to 2020*. 2020. Disponível em: <**https://www.statista.com/statistics/261276/number-of-general-mills-employees-worldwide/**>. Acesso em: 1 nov. 2020.

THE COCA-COLA COMPANY. *2019 Business & Sustainability Report*. 2020a. Disponível em: <**https://www.coca-colacompany.com/content/dam/journey/us/en/reports/coca-cola-business-and-sustainability-report-2019.pdf**>. Acesso em: 1 nov. 2020.

THE COCA-COLA COMPANY. *Brands*. 2020b. Disponível em: <**https://www.coca-colacompany.com/brands**>. Acesso em: 1 nov. 2020.

THE COCA-COLA COMPANY. *In our products*. 2020c. Disponível em: <**https://www.coca-colacompany.com/sustainable-business/in-our-products**>. Acesso em: 1 nov. 2020.

UNILEVER. *2019 Annual Report*. 2020. Disponível em: <**https://www.unilever.com/Images/unilever-annual-report-and-accounts-2019_tcm244-547893_en.pdf**>. Acesso em: 3 nov. 2020.

UNILEVER. *Relatório de sustentabilidade 2012*. 2013. Disponível em: <**https://silo.tips/download/relatorio-de-sustentabilidade-2012-unilever-brasil**>. Acesso em: 23 mar. 2017.

VAGAS. *Programa de Estágio General Mills 2021*. 2020. Disponível em: <**https://www.vagas.com.br/vagas/v2099562/programa-de-estagio-general-mills-2021**>. Acesso em: 1 nov. 2020.

CAPÍTULO 6
PRESENTE E FUTURO DA INDÚSTRIA DE ALIMENTOS

A necessidade da indústria de produzir ingredientes, alimentos e bebidas a custos reduzidos, em grande escala, de forma ambientalmente sustentável, segura e que busque minimizar impactos à saúde humana, de modo a sustentar um mercado consumidor cada vez maior e mais exigente, tem induzido a indústria alimentícia a investir em modernização, pesquisa e inovação constantes (DE VRIES et al., 2017). Do ponto de vista tecnológico e inovativo, a indústria de alimentos e a Engenharia de Alimentos apresentam tecnologias maduras e/ou promissoras em toda a sua história de desenvolvimento (DE VRIES et al., 2017), como:

- Tecnologias bem desenvolvidas e aplicadas em grande e pequena escala: refrigeração, pasteurização, enlatamento, cozimento, fermentação, forneamento, trituração e moagem, irradiação, micro-ondas, extrusão, manuseio asséptico, membranas e embalagens ativas e inteligentes.

- Tecnologias emergentes de alto potencial: aquecimento ôhmico, vapor sobreaquecido, processamento de alta pressão dentro da embalagem, campo elétrico pulsado, biotecnologia, extrusão-extração, plasma frio, emulsificação de membranas, robótica e impressão 3D.

Estas tecnologias dão suporte para o desenvolvimento do setor produtivo de alimentos, que é extremamente abrangente e complexo, envolvendo todas as etapas desde o processamento das matérias-primas até a distribuição dos produtos alimentícios, conforme apresentado na Figura 6.1. De acordo com Viana e Ferras (2007, p. 3), a cadeia envolve toda a atividade de produção e comercialização de um produto, de forma que, no seu decorrer, os produtos são crescentemente elaborados, obtendo agregação de valor.

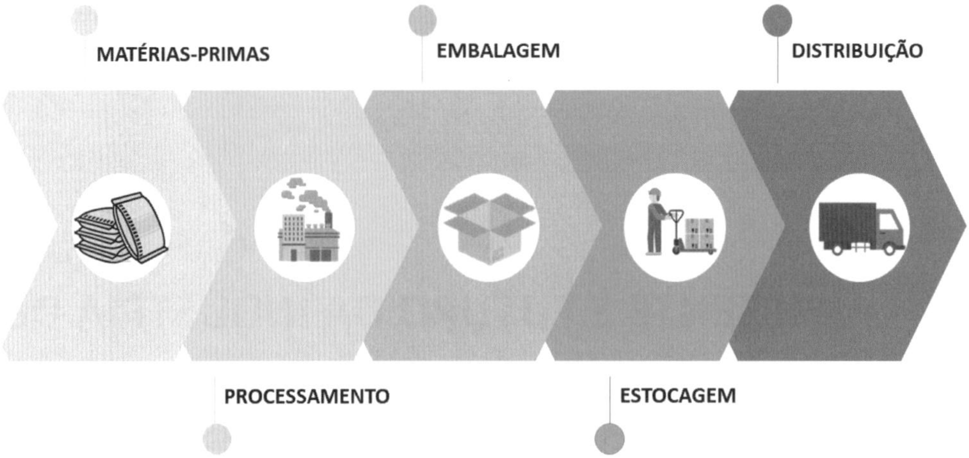

Figura 6.1 – Cadeia alimentícia do setor produtivo de alimentos.

Na virada do século XX, os consumidores consideravam que a ampla disponibilidade, a conveniência e o preço baixo dos alimentos, tidos como objetivos básicos da indústria alimentícia, não eram suficientes. Antes atores passivos em um esquema de fornecimento de alimentos dirigido por produtores, os consumidores passaram a questionar, entre outras coisas, o processo de produção dos alimentos, o uso de aditivos alimentares, a saudabilidade e a segurança dos produtos processados (AGUILERA, 2018).

Concomitantemente, evidências consistentes começaram a vincular a incidência de doenças cardiovasculares, câncer, hipertensão e diabetes a algumas dietas e a estilos de vida sedentários. O sobrepeso e a obesidade devido a excessos tornaram-se crescentes, forçando uma mudança nas dietas pessoais e nos hábitos alimentares (POPKIN; ADAIR; NG, 2012). A profissão médica aperfeiçoou o diagnóstico de alergias e intolerâncias alimentares, recomendando, assim, que seus pacientes evitassem certos grupos de alimentos. Em contrapartida, os "alimentos funcionais", dotados de componentes bioativos que fornecem benefícios fisiológicos adicionais além da nutrição básica, tornaram-se cada vez mais populares e diferenciados. Todas essas restrições ou preferências alimentares espontâneas agregaram-se às preexistentes decorrentes de restrições religiosas e crenças pessoais, questões éticas, demografia, estilos de vida ou apenas modismos, conformando uma situação referida como "alimentações específicas" (OMS, 2002; PANG et al., 2012).

Essa mudança de comportamento dos consumidores modernos trouxe impactos significativos para a indústria de alimentos, de modo que os alimentos passaram a corresponder não apenas à praticidade e segurança, mas também à qualidade e melhoria da saúde, contribuindo ainda para o prazer e bem-estar pessoal. Sendo assim, cada vez mais os alimentos terão um papel multifuncional na vida humana (EUROPEAN TECHNOLOGY PLATFORM FOOD FOR LIFE, 2018).

As cinco tendências citadas no projeto Brasil Food Trends 2020, desenvolvido pela Federação das Indústrias do Estado de São Paulo (Fiesp) e pelo Instituto de Tecnologia de Alimentos (ITAL) (Figura 6.2), observadas na indústria de alimentos são resultado das influências geradas pelas mudanças que ocorrem nos fatores determinantes das demandas quantitativa e qualitativa por alimentos. São elas: sensorialidade e prazer;

saudabilidade e bem-estar; conveniência e praticidade; confiabilidade e qualidade; e sustentabilidade e ética (MACÊDO et al., 2010), apresentados na sequência.

Figura 6.2 – As tendências do mercado consumidor da alimentação.

6.1 SENSORIALIDADE E PRAZER

A satisfação do consumidor constitui um fator-chave para a indústria de alimentos, e uma experiência sensorial prazerosa é fundamental para a recompra de produtos alimentícios. Além disso, a tendência ligada à sensorialidade e ao prazer está relacionada à valorização das artes culinárias e das experiências gastronômicas, influenciando tanto o setor de serviços de alimentação como o desenvolvimento de produtos industrializados (KERSLAKE, 2009). Essa tendência dissemina as receitas regionais e os produtos étnicos e cria interesse pela harmonização de alimentos e bebidas, novas texturas e sabores. O consumidor busca o prazer de preparar o alimento, compartilhar receitas, degustá-las com amigos e familiares, ampliando, assim, a experimentação de alimentos e bebidas diferentes, étnicos, exóticos, mais elaborados.

Ampliam-se as possibilidades para os empreendedores por meio do oferecimento de novos produtos e serviços diferentes, mais sofisticados, mas a um preço acessível, incluindo também os produtos considerados como gourmet e os *premium*, bem como alimentos sofisticados que têm preço acessível para os consumidores emergentes, os quais deverão representar os grandes mercados para a indústria de alimentos no futuro. De modo geral, destacam-se os *foodies*, consumidores aficionados por novos produtos e novas experiências em torno da alimentação. Entretanto, grande parte da população está cada vez mais preocupada também com a saúde e a forma física, o que tem levado à busca por produtos que sejam saborosos e saudáveis.

6.2 SAUDABILIDADE E BEM-ESTAR

As tendências de "saudabilidade e bem-estar" originam-se em fatores como o envelhecimento das populações, as descobertas científicas que vinculam determinadas dietas a doenças, bem como a renda e a expectativa de vida nas grandes cidades, influenciando a busca por um estilo de vida mais saudável. São diversos os segmentos de consumo que estão surgindo a partir dessas tendências, e entram em cena aqueles voltados aos diferentes tipos de dieta, incluindo light, diet, sem glúten, funcionais, energéticos, orgânicos, naturais, veganos, ou seja, tudo o que possa contribuir para um melhor funcionamento mental e físico, agora e futuramente. O crescente uso das mídias sociais e dos canais de comunicação tem contribuído para a disseminação mais acelerada do conhecimento científico, influenciando massivamente os novos hábitos dos consumidores, que tendem a adotar práticas alimentares que possam beneficiar sua saúde. Assim, a indústria tem se adaptado e criado uma frente de trabalho para atender a esse nicho de mercado extremamente particular e exigente.

A demanda dos consumidores por produtos alimentícios que melhoram a saúde, como alimentos funcionais, cresceu rapidamente. O termo "alimento funcional" é geralmente usado para comunicar que o alimento pode fornecer benefícios à saúde além daqueles fornecidos pelos nutrientes tradicionais, ou que o alimento tem potencial para prevenir alguma doença ou promover uma melhoria de qualidade de vida. De 2009 a 2013, por exemplo, o mercado de alimentos funcionais experimentou um aumento global, em termos de valor, de 26,7% (LEATHERHEAD FOOD RESEARCH, 2014). Com uma taxa de crescimento média anual de cerca de 8,6%, o mercado global de alimentos funcionais alcançará aproximadamente US$ 255,80 bilhões até 2030 (MARKET REPORT WORLD, 2022).

O mercado brasileiro é um importante mercado de alimentos funcionais, atingindo o valor de US$ 8,70 bilhões em 2014 (EUROMONITOR, 2021; MARTINS, 2015). O sucesso desse mercado pode ser atribuído ao fato de os consumidores quererem uma vida mais saudável. Espera-se que a maioria das inovações ocorra nas categorias de laticínios e panificação (BOGUE; COLLINS; TROY, 2017).

Essa crescente perspectiva de mercado levou várias empresas de alimentos a investirem no desenvolvimento de novos produtos funcionais, impulsionando a pesquisa e indústria, ampliando a diversidade de produtos comerciais e ainda o acesso dos consumidores.

6.3 CONVENIÊNCIA E PRATICIDADE

A tendência de conveniência e praticidade foi gerada pela alteração do estilo de vida das pessoas, cada vez mais atarefadas, ocupadas com muitas atividades ao longo de todo o dia. Nesse "novo" mundo, os consumidores anseiam por produtos e serviços que contribuam para a economia de tempo, permitindo cumprir todas as suas obrigações de modo prático e rápido. Essas tendências convergem com as necessidades de saudabilidade e bem-estar, resultando no aumento da demanda de alimentos convenientes, como bebidas à base de frutas, *snacks* de vegetais, iogurtes, entre outros.

Registrou-se também um grande desenvolvimento do setor de materiais e embalagens, o qual teve de buscar tecnologias que fossem capazes de garantir essa praticidade e conveniência, de modo que o alimento não perdesse em qualidade e segurança. Os produtos prontos para comer (*ready-to-eat*) e os alimentos porcionados individualmente passaram a figurar entre as opções fornecidas pela indústria de alimentos e são excelentes exemplos de produtos que ganharam a confiança dos consumidores.

Entretanto, o termo *conveniência* também está associado a categorias de alimentos como *fast food*, que são frequentemente acusados de conter quantidades insalubres de gordura, sódio e açúcar. Essas associações, às vezes, suscitam nos consumidores ambiguidades morais sobre a adequação do uso de produtos associados a alimentos de conveniência. A diversificação, a falta de clareza e a ambiguidade moral da comida de conveniência recentemente motivaram uma reformulação desta com base nos conceitos de saudabilidade descritos anteriormente.

6.4 CONFIABILIDADE E QUALIDADE

Confiabilidade e qualidade envolvem toda a segurança na cadeia de processamento dos alimentos. Neste sentido, integrantes da cadeia de processamento alimentar (produtores rurais, indústrias, serviços de logísticas, mercados, etc) e consumidores mais exigentes têm se preocupado com o controle da origem e rastreabilidade do produto e desejam menor impacto ambiental gerado durante sua produção (como quantidade de dióxido de carbono gerado na cadeia, entre outros), boas práticas de fabricação por parte da indústria, controle de riscos de contaminação, tecnologia de ponta (para preservação, diminuição ou eliminação de microrganismos patogênicos), rotulagem com informação adequada, selos de origem e de qualidade, valorização de marca, entre outros.

O crescente interesse na rastreabilidade de alimentos interage diretamente com as demandas dos clientes em relação à qualidade e à segurança alimentar. Os consumidores estão cada vez mais atentos a tais questões e requerem o controle de todo o sistema alimentar. Assim, os sistemas de rastreabilidade são ferramentas que podem garantir a eficácia dos métodos de controle de qualidade adotados na produção de alimentos. Para tanto, as fases de produção, armazenamento, processamento e distribuição devem ser documentadas de maneira atualizada e fidedigna. Essa ampla e dinâmica geração, captação e transmissão de dados demanda soluções informatizadas, para conferir agilidade e confiabilidade na comunicação dessas informações. O consumidor atual não consome apenas um produto: atualmente, deve-se colocar na prateleira estilo de vida e conceitos éticos e ambientais. Desse modo, a transferência de informação a respeito de uma marca e/ou produto impacta diretamente o aumento ou a queda nas vendas e a aceitabilidade no mercado. Isso significa que, além de investir em todo o conceito de confiabilidade e qualidade, a indústria tem permitido que o consumidor tenha acesso facilitado a todas as informações. Atualmente, diferentes tipos de sistemas de rastreabilidade estão surgindo como resultado de intervenções regulatórias no nível setorial e como consequência de estratégias competitivas adotadas no nível da cadeia de fornecimento individual, aumentando cada vez mais o desenvolvimento técnico da cadeia de processamento de alimentos (MACÊDO et al., 2010).

6.5 SUSTENTABILIDADE E ÉTICA

A transformação do atual sistema alimentar em direção aos objetivos de fornecer dietas saudáveis e sustentabilidade ambiental constitui um dos grandes desafios dos tempos modernos. Atingir essas metas é um pré-requisito fundamental para os Objetivos de Desenvolvimento Sustentável da ONU (ODS) (UN, 2020) e tem se tornado uma demanda crescente de parcela do mercado consumidor que anseia por adquirir produtos de empresas que apresentem responsabilidade social e ambiental.

A preocupação geral com o desequilíbrio ambiental se transforma em uma demanda por alimentos e bebidas produzidos com menor impacto ambiental e menor sofrimento animal; por embalagens recicláveis ou biodegradáveis que se decomponham e sejam rapidamente absorvidas pela natureza; e por produtos naturais que envolvam menor geração de resíduos e/ou aproveitamento de subprodutos. O marketing dos produtos também é impactado, pois a rotulagem passa a oferecer maiores informações sobre a relação com o meio ambiente. Além disso, o envolvimento das marcas em causas sociais ou comunidades desfavorecidas, comércio justo e empresas que demonstrem possuir programas de responsabilidade social tornou-se uma agregação de valor e diferencial competitivo.

Se a grande preocupação com questões salutares aumentou a demanda por produtos denominados "naturais", o consumidor também deseja produtos que tenham menor impacto ambiental. Assim, os produtos biotecnológicos, especialmente os aditivos alimentares, têm recebido grande atenção e investimento das indústrias e dos pesquisadores como forma de suprir essa demanda, uma vez que se tem feito uma transição de produtos de origem química ou de extração natural por produtos biotecnológicos com características tecnológicas similares, ou até melhores. Nesse âmbito, podem-se destacar o grande apelo que tem o uso de embalagens recicláveis e biodegradáveis e também cadeias de produção capazes de aproveitar toda a matéria-prima envolvida na produção alimentícia, seja ela para consumo humano direto ou para a fabricação de outros produtos.

Além das tendências de mercado que surgiram por mudanças nos hábitos e necessidades dos consumidores, a indústria tem trabalhado também no desenvolvimento de tecnologias e processos que otimizem sua produção, reduzam a geração de resíduos e o consumo de água, melhorem características tecnológicas e o reconhecimento da marca pelo consumidor. Dentre as estratégias adotadas pela indústria, podemos citar a biotecnologia, a nanotecnologia e a redução do consumo de água no processo produtivo, abordadas a seguir, entre diversos outros processos de relevância técnica.

A BIOTECNOLOGIA NA INDÚSTRIA DE ALIMENTOS

A importância dada à procedência dos produtos consumidos e a correlação desta com a saudabilidade dos alimentos tem incentivado os consumidores a preferirem aqueles com maior associação ao natural. Desse modo, a biotecnologia tem ganhado mais espaço na produção de alimentos, e especialmente de aditivos alimentares. Embora esta tecnologia esteja sendo mais discutida em anos recentes, a biotecnologia já está presente na mesa dos consumidores há séculos, na produção de bebidas fermentadas (como vinho e cerveja), vinagre, iogurte, queijos, vitaminas, ácidos orgânicos, gomas e diversos outros produtos de relevância (BAUMANN, 2014).

Apesar de sua importância histórica em setores tão bem consolidados, a biotecnologia tem atuado agora na produção de ingredientes que tragam maior saudabilidade, na produção de alimentos não alergênicos (alimentos transgênicos), em produtos para suplementação alimentar (proteínas, ômega 3 e 6, enzimas etc.), na substituição de métodos tradicionais de produção (renina, aromas, insulina etc.) (HAROOM; GHAZANFAR, 2016).

REDUÇÃO DO CONSUMO DE ÁGUA

A água é um elemento vital e insubstituível na indústria alimentícia, presente desde a produção da matéria-prima, e no processamento, nas etapas de higienização, aquecimento, resfriamento, no uso pessoal etc. Desta forma, há um custo associado à disponibilidade, consumo, manutenção da qualidade da água utilizada seja no tratamento adequado para uso, seja no tratamento das águas residuárias resultantes ao final dos processos. Assim, um menor consumo dessa matéria-prima acarreta maior rentabilidade, economia de recursos naturais, melhoria na estratégia ambiental da empresa e até mesmo na aceitação do consumidor.

É possível aplicar uma série de estratégias para minimizar o consumo de água em processos industriais, como (TIMOFIECSYK; PAWLOWSKY, 2003):

- reutilizar, quando possível, a água no processo;
- empregar água de reúso em sistemas de refrigeração e instalações sanitárias;
- usar sistema CIP (*clean in place*) na higienização de equipamentos;
- utilizar soluções sanitizantes nas concentrações adequadas e/ou aquelas que requeiram menor quantidade de água para remoção;
- programar adequadamente os ciclos de limpeza.

NANOTECNOLOGIA

A nanotecnologia é um setor que tem recebido grande investimento e atenção, devido ao aporte tecnológico que traz aos produtos. Nesse âmbito, um número considerável de nanopartículas já foi projetado e desenvolvido para aplicação em produtos alimentícios, visando melhorias sensoriais, aumento da absorção de nutrientes, estabilização de compostos bioativos, vida útil estendida do produto, qualidade e monitoramento de segurança, entre outros.

Dois tipos principais de aplicações alimentares de nanotecnologia podem ser identificados: aplicações *nanointernas*, quando as nanopartículas são incorporadas ao produto alimentício; e aplicações *nanoexternas*, quando as nanopartículas são incorporadas aos materiais de contato com alimentos, como embalagens.

O fator mais importante que limita a difusão de aplicações da nanotecnologia no mercado de alimentos são as lacunas científicas existentes no conhecimento sobre seus riscos potenciais para a saúde humana e o meio ambiente. Mais precisamente, enquanto os estudos toxicológicos fornecem evidências crescentes de que as nanopartículas modificadas podem ter efeitos adversos à saúde humana e ao meio ambiente, o conhecimento sobre a avaliação da exposição ambiental às nanopartículas modificadas ainda é limitado. Além disso, como a toxicidade é específica para diferentes nanopartículas, uma avaliação ambiental e de segurança deve ser realizada caso a caso.

MEGATENDÊNCIAS DE CONSUMO PÓS-COVID-19

No ambiente de consumo, estão sempre ocorrendo modificações nos perfis de consumo e desejo dos consumidores. Algumas dessas mudanças de hábitos e/ou atitudes são tão consideráveis que podem impactar o mercado em diversos setores e por um longo prazo (ao menos 10 anos). Tais mudanças são denominadas *megatendências* (APEX-BRASIL, 2021). Em relatório publicado em 2021, a Euromonitor traz as megatendências de consumo para esse mesmo ano, em que se mostra, por exemplo, que os consumidores estão ainda mais exigentes com relação à sustentabilidade, à economia circular e ao contato com a natureza (EUROMONITOR, 2021).

Uma tendência que já vem sendo trabalhada na indústria de alimentos há alguns anos é a da conveniência, ou seja, os clientes prezam pela jornada rápida de consumo e facilidade. O que já vinha impactando o setor, agora, atrela-se à facilidade de busca de informações e da experiência da "*phygital reality*", que lhes permite experimentar e avaliar no meio digital para ter a segurança e liberdade de consumir nas lojas físicas.

Além disso, os consumidores estão mais exigentes com relação à flexibilidade de horários e às formas de acesso aos produtos, considerando fortemente também a reputação das empresas e, por vezes, seu posicionamento diante de cenários políticos e ambientais; querem comprar não apenas um produto ou serviço, mas toda uma experiência de consumo, e conectar-se com as visões e os valores das empresas.

Outro ponto de relevância para o setor alimentício é a aceleração da preocupação com inocuidade, segurança dos produtos e os benefícios que eles podem trazer à saúde humana, acarretada pela epidemia global de COVID-19. Há que se atentar também a um nicho de mercado em expansão, pois a população mundial está envelhecendo, e com ela cresce a necessidade por produtos que nutram e garantam qualidade de vida aos consumidores idosos.

Para mais, em decorrência de uma maior velocidade de propagação das informações e um aumento do poder de decisão dos consumidores, a indústria passa a lidar com uma série de fatores além da garantia da qualidade e segurança de produtos, como a incorporação de processos produtivos mais sustentáveis, a otimização do uso de água, energia e matérias-primas, a redução de teores de sódio, gordura e açúcar, o uso de embalagens e materiais biodegradáveis, o estímulo à reciclagem e à adoção de logística reversa, a substituição de insumos sintéticos por produtos de origem natural, dentre outros. A análise periódica dos processos, que objetivava reduzir custos e aumentar lucro, agora trabalha em prol de inserir uma cultura corporativa que incorpora a sustentabilidade, a ética e o respeito às necessidades do cliente no cerne de toda a organização.

Por fim, os desafios serão sempre crescentes, assim como a responsabilidade da indústria de alimentos, que tem se desenvolvido para buscar cada vez mais processos eficientes em termos técnicos, econômicos, ambientais e sociais. Sendo assim, a formação adequada e contínua do engenheiro de alimentos pode ser determinante no cumprimento do papel essencial do setor alimentício à sociedade.

REFERÊNCIAS

AGUILERA, J. M. Food engineering into the XXI century. *AIChE Journal*, v. 64, n. 1, pp. 2–11, 2018.

APEXBRASIL. *As 8 megatendências que influenciarão o consumo até 2030*. 2021. Disponível em: <**https://portal.apexbrasil.com.br/noticia/AS-8-MEGATENDENCIAS-QUE-INFLUENCIARAO-O-CONSUMO-ATE-2030%3E**>. Acesso em: 15 ago. 2021.

BAUMANN, B. Biotechnology as a tool for the production of food. *Healthcare Industry BW*, v. 16, 2014. Disponível em: <**https://www.gesundheitsindustrie-bw.de/en/article/dossier/biotechnology-as-a-tool-for-the-production-of-food/**>. Acesso em: 13 jun. 2018.

BOGUE, J.; COLLINS, O.; TROY, A. J. Market analysis and concept development of functional foods. In: BAGCHI, D.; NAIR, S. (Ed.). *Developing New Functional Food and Nutraceutical Products*. [S.l.]: Elsevier, 2017. pp. 29–45.

DE VRIES, H. et al. Small-scale food process engineering – Challenges and perspectives. *Innovative Food Science & Emerging Technologies*, v. 46, pp. 122–130, 2017.

EUROMONITOR. *Health and Wellness in Brazil*. London: Euromonitor International, 2022.

EUROMONITOR. *Health and Wellness Performance Overview 2013*. London: Euromonitor International, 2014.

EUROMONITOR. *Top 10 Global Consumer Trends in 2021*. 2021. Disponível em: <**https://blog.euromonitor.com/top-10-global-consumer-trends-in-2021/%3E**>. Acesso em: 14 ago. 2021.

EUROPEAN TECHNOLOGY PLATFORM FOOD FOR LIFE. *Strategic research agenda 2007-2020*. Brussels: ETP/CIAA, 2018. Disponível em: <**https://etp.fooddrinkeurope.eu/news-and-publications/publications/2-strategic-research-agenda-2007-2020.html**>. Acesso em: 19 mar. 2018.

GARCIA-CAZARIN, M. L. et al. Dietary Supplement Research Portfolio at the NIH, 2009–2011. *The Journal of Nutrition*, v. 144, n. 4, pp. 414–418, 2014.

HAROOM, F.; GHAZANFAR, M. Applications of food biotechnology. *Journal of Ecosystem & Ecography*, v. 6, n. 4, 2016.

KERSLAKE, M. Designing Foods for Sensory Pleasure. In: BARBOSA-CÁNOVAS, G. et al. (Ed.). *Global Issues in Food Science and Technology*. [S.l.: s.n.], 2009. pp. 79–92.

LEATHERHEAD FOOD RESEARCH. *Future Directions for the Global Functional Foods Market*. Leatherhead, UK: Leatherhead Food Research, 2014.

MACÊDO, F. S. et al. *Brasil Food Trends 2020*. São Paulo: FIESP/ITAL, 2010.

MARKET REPORT WORLD. *Functional foods and beverages market by type*. 2022. Disponível em: <**https://www.marketreportsworld.com/functional-foods-and-beverages-market-20198946**>. Acesso em: 2 mar. 2022.

MARTINS, R. B. The expanding functional foods market in Brazil. *Natural Products Insider*, 2015. Disponível em: <**https://www.naturalproductsinsider.com/business-resources/expanding-functional-foods-market-brazil**>. Acesso em: 24 fev. 2020.

MSI. *The 2012 Gallup Study of Nutrient Knowledge & Consumption*. Princeton: Multi--Sponsor Surveys.

NUNES, K. United States poised to lead functional food market. *Food Business News*, 2014. Disponível em: <**https://www.foodbusinessnews.net/articles/3624-united-states-poised-to-lead-functional-food-market**>. Acesso em: 23 fev. 2020.

PANG, G. et al. How functional foods play critical roles in human health. *Food Science and Human Wellness*, v. 12, pp. 26–60, 2012.

POPKIN, B. M.; ADAIR, L. S.; NG, S. W. Global nutrition transition and the pandemic of obesity in developing countries. *Nutrition Reviews*, v. 70, pp. 3–21, 2012.

SAÚDE), O. (M. da. *Globalization, diets and noncommunicable diseases*. Geneva: World Health Organization, 2002.

TIMOFIECSYK, F. R.; PAWLOWSKY, U. Minimização do uso de água na indústria de alimentos. *Gestão Ambiental, Brasil Alimentos*, v. 22, 2003. Disponível em: <**http: //www.signuseditora.com.br/ba/pdf/22/22**>.

UN (UNITED NATIONS). *About the Sustainable Development Goals*. 2020. Disponível em: <**https://www.un.org/sustainabledevelopment/sustainable-development-goals/%3E**>. Acesso em: 24 fev. 2020.

VIANA, G.; FERRAS, R. P. R. Um estudo sobre a organização da cadeia produtiva do leite e sua importância para o desenvolvimento regional. *Revista Capital Científico do Setor de Ciências Sociais Aplicadas*, v. 5, n. 1, 2007.

CAPÍTULO 7

VALE A PENA ESTUDAR ENGENHARIA DE ALIMENTOS

Os alimentos, seu uso e modo de preparo e consumo têm importância fundamental na vida humana, seja nas esferas científica, industrial, governamental ou social. Além de sua função principal, de sobrevivência, os alimentos ainda se relacionam diretamente com questões de saúde pública, aspectos culturais e socioeconômicos. Essa importância é confirmada pelas altas demandas de mercado e relevância e resistência da indústria de alimentos dentro da economia e sociedade, mesmo em condições adversas como as enfrentadas nos últimos anos.

Segundo Rego, Vialta e Madi (2018), o sistema brasileiro de abastecimento precisa fornecer, diariamente, alimentos e bebidas para mais de 71 milhões de famílias que preparam suas refeições em casa, e para 1,5 milhão de estabelecimentos de serviços de alimentação, o que inclui bares, restaurantes, *fast food*, padarias, supermercados, lojas de conveniência, escolas, hotéis e hospitais. Essa complexa logística de produção, distribuição, preparo e consumo deve ser capaz de manter a regularidade do abastecimento de alimentos de maneira variada e em quantidade suficiente para toda a população, dentro dos padrões tecnológicos e sanitários, e reduzindo ainda perdas e desperdícios ao longo de todo o processo.

Neste enfoque, diante da a representatividade, complexidade e desafios da indústria de alimentos, infere-se a ampla gama de oportunidades de atuação dos engenheiros de alimentos (e áreas correlatas) dentro do principal setor da indústria de transformação e um dos mais relevantes da economia brasileira. A indústria de alimentos está sempre em busca de profissionais que possuam formação científica sólida em engenharia, capazes de organizar a estocagem e produção de insumos que chegam à indústria, compreendam a aplicação de testes e análises que assegurem a qualidade técnico-sanitária dos alimentos, assegurem a qualidade de toda a produção industrial e consequente satisfação dos consumidores/clientes, gerenciem a qualidade/produção de alimentos, bebidas e embalagens, produtos e serviços até a distribuição final, preparem relatórios, especificações e documentos dos processos industriais, realizem a melhoria do sistema de gestão e ainda atuem na pesquisa e produção de produtos que atendam às novas necessidades e tendências do mercado, entre diversos outros ramos de atuação.

Diante disso, a Engenharia de Alimentos é um curso superior de caráter multidisciplinar, dinâmico, e de grande relevância para o país (conforme apresentado no Capítulo 2), estando muito bem distribuído geograficamente e consolidado em diversas instituições, conforme discutido no Capítulo 3. Já no Capítulo 4, foi possível observar que há grandes oportunidades para a capacitação dos profissionais da área em nível de pós-graduação, como MBA, mestrado acadêmico, o mestrado profissional e o doutorado, em diversas instituições difundidas pelo Brasil. Por fim, no Capítulo 5, abordamos a relevância, diversidade, representatividade e o tamanho da indústria de alimentos e bebidas no Brasil. Enquanto isso, no Capítulo 6, vimos as tendências de desenvolvimento da indústria de alimentos, fatores essenciais que podem ditar o desenvolvimento científico e tecnológico nos próximos anos. Todos os dados apresentados demonstram a relevância dessa área, como ramo de atuação, formação ou aperfeiçoamento, com potencial para os centros de pesquisa, universidades, órgãos e instituições, empreendimentos públicos ou privados, indústrias e comércio (de forma ampla e irrestrita), além de tantos outros setores, demonstrando ainda importância social, tecnológica e econômica deste segmento para o país.

A garantia do abastecimento de alimentos, regulação de estoques e preços e a demanda ininterrupta por novos produtos que atendem a continuidade do setor tornam a formação adequada e contínua do engenheiro de alimentos fatores determinantes para assegurar o desenvolvimento científico, tecnológico e econômico do país.

REFERÊNCIAS

REGO, R. A.; VIALTA, A.; MADI, L. F. C. *Alimentos industrializados: a importância para a sociedade brasileira.* Campinas: Ital, 2018.